Calabi-Yau Manifolds and Mirror Symmetry

칼라비-야우다양체와 거울대칭

조용승 지음

KYOWOO

서 문 Preface

칼라비(Eugenio Calabi)는 1954년 국제수학자대회에서 "**콤팩트 켈러다양체**(Kähler manifold)**의 첫번째 천류를 나타내는** 2-**폼이 주어지면 유일한 켈러 메트릭이 존재하여 메트릭의 리치폼**(Ricci form)**이 주어진** 2-**폼이 될 것이다**"란 추측을 발표하였다. 켈러메트릭이 있으면 유일함은 칼라비가 밝혔고, 1978년 **야우**(Shing-Tung Yau)가 첫번째 천류가 제로(zero)일 때 리치폼이 제로인 켈러메트릭의 존재성을 밝혔다. 이 결과에 힘입어 야우는 **필즈상**(Fields medal)을 수상하였으며, **거울대칭**(mirror symmetry) 연구의 장을 열었다.

리치곡률(Ricci curvature)이 제로인 켈러-아인슈타인다양체(Kähler-Einstein manifold)를 **칼라비-야우다양체**(Calabi-Yau Manifold)라 한다.

칼라비-야우다양체는 초끈이론(super string theory) 특히 **초닮음장이론**, SCFT(super conformal field theory)를 연구하는데 중요한 대상이다. 여기에 **켈러모듀라이공간**(Kähler moduli space)과 **복소모듀라이공간**(complex moduli space)이 공존하고 서로 **거울대칭**(mirror symmetry)관계에 있으며, 켈러메트릭의 존재성은 켈러모듀라이공간 연구와 호지구조의 변형(variation of Hodge structures)에 필수조건이다. 야우의 결과는 그 자체로도 중요하지만, 거울대칭 연구에 발판을 마련하였다는 점에서 주목할 만하다.

거울대칭의 주요 연구대상은 칼라비-야우 다양체에서 켈러모듀라이공간과 복소모듀라이공간의 기하학적 구조와 연관성을 밝히는 것과, 켈러구조로부터 생성된 **글로모브-위튼불변량**(Gromov-Witten invariant)과 복소모듀라이공간에서 정의된 **유카와결합**(Yukawa coupling)을 연결하여 연구하는 것이다.

처음에는 글로모브-위튼불변량(Gromov-Witten invariant)은 심플렉틱다양체에서 정의하여 **퀀텀코호몰로지**(quantum cohomology)와 **플로에코호몰로**

서 문 Preface

지(Floer cohomology)가 동형을 이용하여 **아놀드추측**(Arnold conjecture)을 해결하는데 사용되었다.
거울대칭은 물리학에서 나타나는 자연스러운 현상이며 이 현상이 일어나는 공간이 칼라비-야우다양체이다. 이에 따라 책의 제목을 "**칼라비-야우다양체·거울대칭**(Calabi-Yau Manifolds·Mirror Symmerty)"이라 정했다.
거울대칭은 수학과 물리학이 공존하는 분야로서 자세한 것은 본문에서 다룰 것이며, 주요내용은 다음과 같다.

제1장에서는 리만다양체상의 **아인슈타인 장방정식**(Einstein Field equation)을 진공상태(vacuum)로 하면 아인슈타인 방정식이 되고 다양체는 아인슈타인다양체가 된다. 여기에 켈러구조를 추가하면 **켈러-아인슈타인다양체**가 되고, 리치폼이 제로가 되면 **칼라비-야우다양체**가 됨을 소개하였다.

제2장에서는 복소사영다양체의 2차원 정수 호몰로지류가 주어지면 글로모브-위튼 모듀라이공간이 정해지고, 적절한 코호몰로지류를 모듀라이공간 상의 적분으로 **글로모브-위튼불변량**을 정의하고, 불변량의 성질과 예를 다루었다.

제3장에서는 3 마크점(3 marked point)으로 정의되는 글로모브-위튼불변량을 사용하여 작은퀀텀곱(small quantum product), **작은퀀텀코호몰로지**(small quantum cohomology)와, 글로모브-위튼포텐샬을 이용한 큰퀀텀곱(big quantum product)과 **큰퀀텀코호몰로지**(big quantum cohomology)를 다루었다.

제4장에서는 콤팩트 리군(Lie group)이 다양체에 작용할 때 **에쿠이바리안트-코호몰로지**(equivariant cohomology)가 정의된다. 에쿠이바리안트-코호몰로지는 고정점 집합(fixed point locus)의 노말번들을 국소화(localization)

하여 구하는 **아티야-보트 국소정리**(Atiya-Bott localization theorem)을 소개하고, 이를 글로모브-위튼 모듀라이공간과 글로모브-위튼불변량에 적용하였다. 이는 거울대칭정리(mirror symmetry theorem)증명에 사용된다.

제5장에서는 **초닮음장이론**(superconformal field theory)을 칼라비-야우다양체에 적용하고, 켈러모듀라이공간과 복소모듀라이공간에서 **유카와결합**(Yukawa coupling)을 거울대칭으로 연결하였다.

제6장에서는 켈러모듀라이공간의 **큰-반경-극한점**(large radius limit point)의 근방의 좌표와 복소모듀라이공간의 **맥시말-유니포텐트-경계점**(maximal unipotent boundary point) 근방에서 **모노드로미-가중치-필트레이션**(monodromy weight filtration)과 국소좌표(local coordinate)를 구하여 **거울대칭맵**(mirror symmetry map)을 정의하였다.

제7장에서는 켈러모듀라이공간에서 A-**모델상관함수**(A-model correlation function)와 복소모듀라이공간에서 B-**모델상관함수**(B-model correlation function)를 정의하고 두 상관함수가 같음을 보장하는 **호지이론의 거울대칭정리**, **기벤탈**(Givental)의 거울대칭정리, **리안-리우-야우**(Lian-Liu-Yau)의 오일러 데이터(Euler data)와 글로모브-위튼포텐셜(Gromov-Witten potential)에 의한 **거울대칭정리**(mirror symmetry theorem)를 소개하였다. A-모델상관함수와 B-모델상관함수가 같음을 이용하여 **인스탄톤수**(instanton number)를 구한다.

참고문헌 [C16]에서는 호지추측과 럽셔츠추측을 증명하였다. 이는 거울대칭 연구에 크게 도움이 될 것이다.

부록은 본문의 이해를 돕기 위한 내용으로 좀 더 자세히 소개하였다.

서 문 Preface

부록A에서는 **피카르-푹스방정식**(Picard-Fuchs equation)을 다루었다. 복소모듀라이공간의 좌표는 주기함수(period function)가 피카르-푹스방정식의 해임을 이용하여 구한다. 좌표는 가우스-마닌콘넥션과 거울대칭맵에 사용된다.

부록B에서는 제7장에서 **거울대칭정리**(mirror symmetry theorem), 호지이론의 거울대칭정리, 기벤탈의 거울대칭정리, 리안-리우-야우 거울대칭정리를 **칼라비-야우 3-폴드**에서 개괄적으로 다루었다.

부록C는 칼라비-야우다양체와 거울대칭에 직접 혹은 간접으로 관련된 수학자와 물리학자를 소개하였다.

끝으로 이 책을 출판해주신 교우사 오판근 사장님과 이소정 선생님 이하 편집부 직원들에게 진심으로 감사를 드립니다. 그리고 교정과 자료정리를 기꺼이 도와준 아내 김수남 박사에게도 감사드립니다.

미분다양체(Differentiable Manifold)

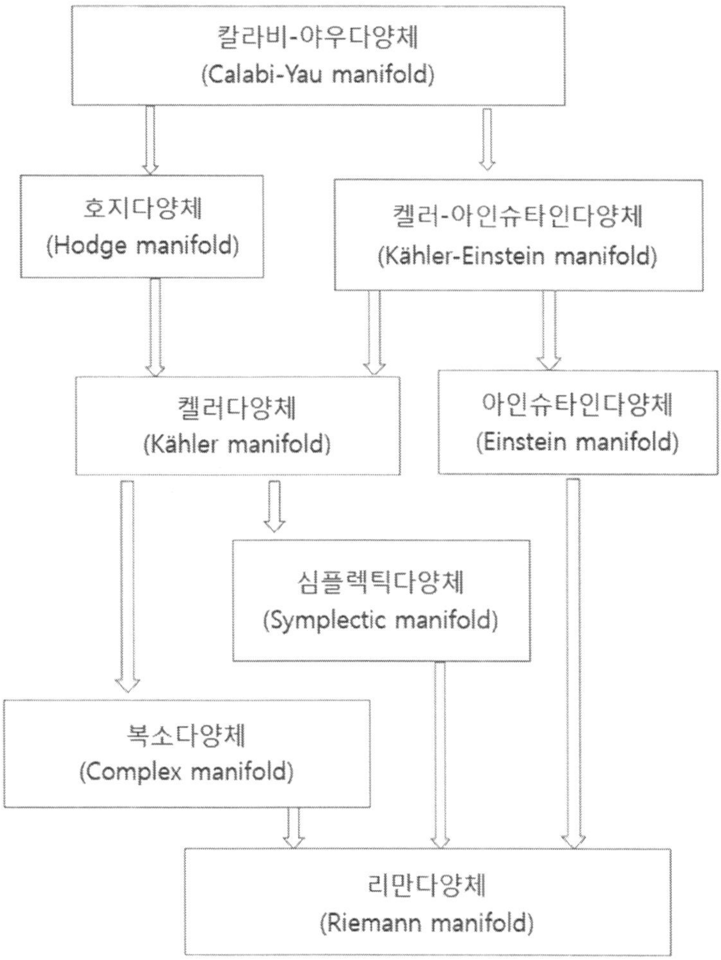

서 문 Preface

퀸틱3-폴드 거울대칭쌍(V, V^o)의 호지다이아몬드

$$
\begin{array}{ccccccc}
 & & & 1 & & & \\
 & & 0 & & 0 & & \\
 & 0 & & 1 & & 0 & \\
1 & & 101 & \cdot & 101 & & 1 \\
 & 0 & & 1 & & 0 & \\
 & & 0 & & 0 & & \\
 & & & 1 & & &
\end{array}
\qquad\Bigg|\qquad
\begin{array}{ccccccc}
 & & & 1 & & & \\
 & & 0 & & 0 & & \\
 & 0 & & 101 & & 0 & \\
1 & & 1 & \cdot & 1 & & 1 \\
 & 0 & & 101 & & 0 & \\
 & & 0 & & 0 & & \\
 & & & 1 & & &
\end{array}
$$

V의 호지다이아몬드 V^o의 호지다이아몬드

직선 $y = x$에 대하여 거울대칭이다.

n-차원 칼라비-야우다양체의 거울대칭

- 거울대칭쌍 : $(V, \omega, J) \longleftrightarrow (V^o, \omega^o, J^o)$

- SCFT-모듀라이 폴리에이션(moduli foliation)

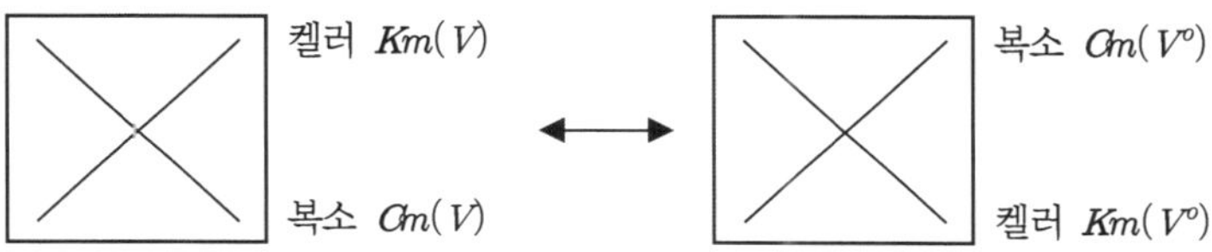

- $H^q(V, \wedge^p TV) \longleftrightarrow H^q(V^o, \Omega^p V^o)$
  $H^q(V, \Omega^p V) \longleftrightarrow H^q(V^o, \wedge^p TV)$

- $H^{1,1}(V) = H^1(V, \Omega^1 V) \longleftrightarrow H(V^o, \wedge^1 TV^o) = H^{n-1,1}(V^o)$

- $H^{0,0}(V) \oplus \cdots \oplus H^{p,p}(V) \oplus \cdots \oplus H^{n,n}(V)$
  $\longleftrightarrow H^{n,0}(V^0) \oplus \cdots \oplus H^{n-1,p}(V^0) \oplus \cdots \oplus H^{0,n}(V^0)$

- $Km(V)$(켈러모듀라이) $\longleftrightarrow$ $Cm(V^o)$(복소모듀라이)
  $Cm(V) \longleftrightarrow Km(V^o)$

- A-모델상관함수 $\longleftrightarrow$ B-모델상관함수
  (A-모델유카와결합) (B-모델유카와결합)

- 글로모브-위튼불변량 $\longleftrightarrow$ 홀로모르픽 n-폼

서문 Preface

- A-모델콘넥션∇^{GW} $\longleftrightarrow$ B-모델콘넥션∇^{GM}
  (글로모브-위튼콘넥션) (가우스-마닌콘넥션)
- 큰-반경-극한점 $\longleftrightarrow$ 맥시말-유니포텐트-경계점
  (large radius limit point) (maximal unipotent boundary point)
- A-변환호지구조 $\longleftrightarrow$ B-변환호지구조
  (A-variation Hodge structure) (B-variation Hodge structure)
- 호지필트레이션 $\longleftrightarrow$ 모노드로미-가중치-필트레이션
  (Hodge filtration) (monodromy weight filtration)
- 호지 : $5+\sum_{d\geq 1} n_d \cdot d^3 \cdot \frac{q^d}{1-q^d} \longleftrightarrow \frac{5}{(1+5^5x)y_0(x)^2}\left(\frac{q}{x}\frac{dx}{dq}\right)^3$
- 기벤탈 : $J_{\mathrm{V}} \longleftrightarrow \frac{I_{\mathrm{V}^\circ}}{y_o}$
- 리안-리우-야우 : $\Phi(\log q) \longleftrightarrow \frac{5}{2}\left(\frac{y_1}{y_0}\cdot\frac{y_2}{y_0}-\frac{y_3}{y_0}\right)$

목 차 Contents

목차 Contents

Chapter 01 칼라비-야우다양체 (Calabi-Yau Manifolds)

1954년 국제수학자대회에서 칼라비가 제시한 미분 2-폼을 나타내는 메트릭의 존재성을 야우가 밝혔으며 이 다양체를 칼라비-야우다양체라 한다. 이론물리학에서는 칼라비-야우다양체가 거울대칭(mirror symmetry)의 주요 연구대상이다. 자연스럽게 접근하기 위하여 아인스타인다양체(Einstein manifold), 켈러다양체(Kähler manifold), 켈러-아인스타인다양체(Kähler-Einstein manifold)와 앞으로 사용할 내용을 소개하자.

1.1 켈러-아인스타인다양체 (Kähler-Einstein Manifold)

유클리트공간 $(\mathbb{R}^n, <,>)$의 개집합(open set)를 미분동형으로 붙여서 미분다양체(differentiable manifold) X를 만들고, X상에 메트릭(metric) g를 주어 리만다양체(Riemanian manifold) (X, g)가 된다. 물리학에서는 질량(mass), 중력(gravitation)이나 에너지(energy)에 의하여 공간이 굽는다. X를 포함한 공간에서 질량, 에너지, 중력과 곡률(curvature) 사이에 관계를 나타내는 방정식인 **아인스타인 장방정식**(Einstein field equation)은

$$R_{\mu\nu} = \left(\frac{1}{2}R - \Lambda\right)g_{\mu\nu} + \frac{8\pi G}{c^4}T_{\mu\nu}$$

이다.

여기서 $R_{\mu\nu}$: 리치곡률텐서(Ricci curvature tensor),

R : 스칼라곡률(Scalar curvature),

$g_{\mu\nu}$: 메트릭텐서(metric tensor),

Λ : 우주상수(cosmological constant),

G : 중력상수(gravitational constant),

c : 빛의 속도(speed of light),

$T_{\mu\nu}$: 스트레스에너지텐서(stress energy tensor)

이다.

진공(vaccum) 상태에서는 질량과 에너지가 제로(0)이며 아인스타인 장방정식은 간소화되어 메트릭과 리치곡률에 관한 **아인스타인 방정식**(Einstein equation) $R_{\mu\nu} = \frac{1}{2} R g_{\mu\nu}$이 된다.

이때 리치곡률은 메트릭에 비례하고 메트릭에 의존함으로 간단히 $\mathrm{Ric}_g = \lambda g$, λ는 실수, 라고 쓰자.

(1.1.1) 켈러다양체(Kähler Manifold)

리만다양체 (X, g)가 아인스타인방정식 $\mathrm{Ric}_g = \lambda g$, $\lambda \in \mathbb{R}$를 만족할 때, (X, g)를 **아인스타인 다양체**(Einstein manifold)라 한다.

예를 들면 모든 2차원 리만다양체와 칼라비-야우다양체$(\lambda = 0)$는 아인스타인다양체이다.

복소유클리트공간 $\mathbb{C}^n$의 개집합을 복소동형(biholomorphism)으로 붙여서 복소다양체(complex manifold) (X, g, J)를 구성한다.

복소다양체 (X, g, J)에 대하여

(1) 헐미션메트릭(Hermitian metric) g와 복소구조(complex structure) J가 서로 **양립**(compatible)이란 $g(Ju, Jv) = g(u, v)$ $v, u \in TX$이다.

(2) g에 의한 **레비-치비타 콘넥션**(Levi-Civita connection) ∇가 $\nabla J = 0$(복소구조 J가 $\mathbb{C}^n$으로부터 올 때)일 때 복소구조 J를 **적분가능**(integrable)이라 한다.

(3) g와 J에 의하여 정해지는 2-폼(2-form) $\omega(u, v) = g(Ju, v)$이 닫혀있을 때 ($d\omega = 0$, $[\omega] \in H^2(X, \mathbb{R})$) 복소다양체 (X, g, J)를 **켈러다양체**(Kähler manifold)라 한다. 이때 2-폼 ω를 **켈러폼**(Kähler form)이라 한다.

(1.1.2) 켈러-아인스타인다양체(Kähler-Einstein Manifold)

켈러다양체 (X, g, J)가 **아인스타인 방정식**(Einstein equation) $\mathrm{Ric}_g = \lambda g$을 만족할 때, (X, g, J)를 **켈러-아인스타인다양체**(Kähler-Einstein manifold)라 한다.

(1) 만일 (X, g, J)가 켈러-아인스타인다양체라 하면

켈러폼은 $\omega(u, v) = g(Ju, v)$이고,

리치폼(Ricci form)은 $\rho(u, v) = \mathrm{Ric}_g(Ju, v)$이다.

(2) **리치텐서**(Ricci tensor) $\mathrm{Ric}_g(u, v) = \lambda g(u, v)$, $u, v \in TX$로부터 리치폼(Ricci form)은 $\rho = \lambda\omega$이고, 이를 **켈러-아인스타인 방정식**(Kähler-Einstein equation)이라 한다.

(1.1.3) 라프라스연산자(Laplace Operator)

(1) 켈러다양체 (X, g, J, ω)에서 g는 X의 리만메트릭, J는 복소구조, ω는 켈러폼이다.

X의 **헐미션메트릭**(Hermitian metric) h와 **리만메트릭**(Riemannian metric) g의 관계는 다음과 같다.

$$h : TX \times TX \to \mathbb{C}, \ (g : TX \times TX \to \mathbb{R})$$

은 $h(u, v) = g(u, v) - 2i\omega(u, v), \ u, v \in TX$

$$= g(u, v) - 2ig(Ju, v)$$

이며, g는 h의 실수부분이고 -2ω는 h의 허수부분이다. 또한 세쌍 (g, ω, J)는 어느 2개가 정해지면 나머지가 정해진다. 주요 관계는 $g(\cdot, \cdot) = \omega(\cdot, J\cdot)$이며, 이는 거울대칭에서 켈러모듀라이공간과 복소모듀라이공간이 동형임을 의미한다.

(2) 켈러다양체 (X, g, J, ω)에서 복소미분폼공간의 **외미분**(exterior derivative) $d : \mathcal{E}^p(X) \to \mathcal{E}^{p+1}(X)$은 $d^2 = 0$이고 메트릭 g는 각 $\mathcal{E}^p(X)$ 상에 L^2**-내적**(L^2-inner product)

$$< , > : \mathcal{E}^p(X) \times \mathcal{E}^p(X) \longrightarrow \mathbb{C},$$

$$< \varphi_1, \varphi_2 > = \int_X \varphi_1 \Lambda \overline{*} \varphi_2$$

을 유도하고, d의 **어드조인트**(adjoint) $d^* : \mathcal{E}^{p+1}(X) \longrightarrow \mathcal{E}^p(X)$

$$< d\varphi, \psi > = < \varphi, d^*\psi >, \ \varphi \in \varepsilon^p(X), \ \psi \in \mathcal{E}^{p+1}(X)$$

을 정의한다. 여기서 **호지스타**(Hodge star) $\overline{*}$의 정의는 $\overline{*}\varphi := * \overline{\varphi}$이고, $*$는 복소선형이다.

한편 복소구조 J, $J^2 = -1$에 의하여

$$\mathcal{E}^p(X) = \bigoplus_{p+q=k} \mathcal{E}^{p,q}(X)$$

로 분리되고, $d=\partial+\bar{\partial}$; $\partial : \mathcal{E}^{p,q}(X) \longrightarrow \mathcal{E}^{p+1,q}(X)$

$$\bar{\partial} : \mathcal{E}^{p,q}(X) \longrightarrow \mathcal{E}^{p,q+1}(X)$$

이며, ∂^*의 어드조인트를 $\bar{\partial}^*$로 정의한다.

(3) **라프라스연산자**(Laplace operator)는

$$\triangle = dd^*+d^*d,\ \square = \partial\partial^*+\partial^*\partial,\ \overline{\square}=\bar{\partial}\bar{\partial}^*+\bar{\partial}^*\bar{\partial}$$

이며, 켈러다양체에서는 $*\Delta=\Delta *$ 이고,

$\triangle = 2\square = 2\overline{\square}$ 인 관계가 성립한다.

따라서 켈러다양체의 코호몰로지류는 유일한 하모닉폼으로 표현되고, 계산에 하모닉폼을 사용할 수 있다.

(1.1.4) 코호몰로지분리(Cohomology Decompositions)

n-차원 콤팩트 켈러다양체 (X, g, J, ω)에 대하여

(1) **호지분리** : $H^k(X, \mathbb{C}) = \bigoplus_{p+q=k} H^{p,q}(X)$,

호지대칭 : $\overline{H^{p,q}(X)} = H^{q,p}(X)$.

(2) **세레듀알** : $H^{p,q}(X) \simeq H^{n-p,n-q}(X)$.

(3) **렢셔츠정리** : $\omega^{n-k}\cup : H^k(X, \mathbb{C}) \simeq H^{2n-k}(X, \mathbb{C})$.

(4) **렢셔츠분리** : $H^k(X, \mathbb{C}) = \bigoplus_{2r \le k} \omega^r \cup H_0^{k-2r}(X, \mathbb{C})$,

여기서

$$H_0^{k-2r}(X) = \mathrm{Ker}\Big[\omega^{n-k+2r+1}\cup : H^{k-2r}(X, \mathbb{C}) \longrightarrow H^{2n-k+2r+2}(X, \mathbb{C})\Big]$$

는 플리미티브 코호몰로지(primitive cohomology)이다.

(5) 특히 켈러류 $[\omega] \in H^2(X, \mathbb{Z})$가 정수류일 때 X를 **호지다양체**(Hodge manifold)라 한다.

X가 호지다양체일 때 X상에서 **호지추측**(Hodge conjecture) $\left[\mathrm{Hdg}^{2k}(X, \mathbb{Q}) \simeq H^{2k}(X, \mathbb{Q})_{\mathrm{alg}}\ ?\right]$은 풀리지 않는 중요한 문제이다(백만불상금문제). 여기서 $\mathrm{Hdg}^{2k}(X, \mathbb{Q}) = H^{2k}(X, \mathbb{Q}) \cap H^{k,k}(X)$, $H^{2k}(X, \mathbb{Q})_{\mathrm{alg}}$는 대수류(algebric class)의 군이다.

(1.1.5) 켈러-아인스타인방정식

켈러-아인스타인다양체 (X, g, J, ω)의 메트릭 g를 **켈러-아인스타인 메트릭**(Kähler Einstein metric)이라 하고 **켈러-아인스타인 방정식**, $\mathrm{Ric}_g = \lambda g$, λ는 상수, 를 만족한다.

중요한 문제는 "언제 콤팩트 켈러다양체 (X, g, J, ω) 상에 코호몰로지류를 나타내는 켈러-아인스타인 메트릭이 존재하느냐"이다.

이 문제는 상수 λ의 부호에 따라 다음과 같이 3가지로 나눌 수 있다:

(1) $\lambda < 0$일 때 : **아우빈**(Aubin)과 **야우**(Yau)가 독립적으로 켈러-아인스타인메트릭이 존재함을 증명하였다.

(2) $\lambda = 0$일 때 : 칼라비(Calabi)의 추측으로서 야우가 켈러-아인스타인메트릭 존재를 증명하였다.

(3) $\lambda > 0$일 때 : 일반적으로 켈러-아인스타인메트릭이 존재하지 않는다. 예를 들면 마추시마(Matsushima)는 복소사영평면(complex projective plane)의 2점에서 블로엎(blow up) 공간은 켈러-아인스타인메트릭이 존재하지 않음을 보였다. 그러나 2012년에 첸(Chen), 도

넬슨(Donaldson), 순(Sun)에 의하여 $\lambda > 0$일 때 켈러-아인스타인메트릭이 존재할 필요충분조건은 대수기하학의 K-**안정**(K-stable)임을 증명하였다. 같은 시기에 티안(Tian)도 독립적으로 증명하였다.

(1.1.6) 첫째천류(First Chern Class)

콤팩트 켈러다양체 (X, g, J, ω)에서 $\rho = \sum R_{ij} dz_i \wedge d\bar{z}_j$가 리치폼이면, X의 첫째천류 $c_1(TX) = \left[\frac{1}{2\pi}\rho\right]$이다.

따라서 첫째천류와 리치폼은 상수곱차이로 같다.

야우는 $c_1(TX) = [\varphi]$을 나타내는 (1, 1)-폼φ이면, X상에 유일한 켈러메트릭이 존재하여 그의 리치폼이 φ임을 증명하였다.

1.2 칼라비-야우다양체 (Calabi-Yau Manifold)

우주 U는 국소적으로 우리가 살고 있는 4차원 시공간 $M^{3,1}$과 눈으로 볼 수 없는 그러나 물리학의 법칙을 만족하는, 특히 **양자화**(quantization)하는데 가장 적합한 6차원 다양체 V와 곱 $U = M^{3.1} \times V^6$인 10차원 공간으로 되어 있다.

이 6차원(복소 3-차원) 공간 V가 다음에 정의할 **칼라비-야우다양체**(Calabi-Yau manifold)이다. 칼라비-야우다양체가 **거울대칭**(mirror symmetry)을 연구하는 대상이다.

(1.2.1) 칼라비추측(Calabi Conjecture)

칼라비(Eugenio Calabi)는 1954년 국제수학자대회(international congress of mathematicians)에서 "콤팩트 켈러다양체의 첫번째 천류(the first Chern class)를 나타내는 2-폼(2-form)이 주어지면 유일한 켈러메트릭이 존재하여 그의 리치폼(Ricci form)이 주어진 2-폼이 될 것이다."라고 했다. 이 추측을 **칼라비 추측**(Calabi Conjecture)이라 한다. 특히, 첫번째 천류가 0, $c_1 = 0$이면 유일한 켈러메트릭이 존재하여 그의 **리치곡률**(Ricci curvature)이 0이 된다.

칼라비는 칼라비추측이 진이면 켈러메트릭은 유일함을 밝혔으며 1977년에 **야우**(Shing-Tung Yau)가 존재함을 증명하였다.

(1.2.2) 칼라비-야우정리(Calabi-Yau Theorem)

콤팩트 켈러다양체 X의 첫번째 천류 $c_1(TX) = \left[\frac{\rho}{2\pi}\right]$, ρ는 2-폼, 이 주어지면, X상에 유일한 켈러메트릭 h가 존재하여 그의 리치폼이 ρ와 코호몰로거스(cohomologus)이다. 즉 $[\rho] = [\mathrm{Ric}_h(J\cdot, \cdot)]$이고 $2\pi \cdot c_1(TX) = [\rho]$이다.

특히, $c_1(TX) = 0$이면 X상에 유일한 켈러메트릭이 존재하여 리치폼 $\mathrm{Ric}_h = 0$이다.

(X, g, J, ω)가 콤팩트 켈러다양체이고 리치텐서 $\mathrm{Ric}_g = 0$일 때 X을 **칼라비-야우다양체**(Calabi-Yau manifold)라 한다.

(1.2.3) 켈러폼(Kähler form)

(1) 만일 (X, g, J, ω_g)가 콤팩트 켈러다양체이면,

X상에 켈러메트릭 $\tilde{g}$가 존재하여

$$c_1(TX) = [\mathrm{Ric}_g(J\cdot\,,\,\cdot\,)],\ \mathrm{Ric}_g = \mathrm{Ric}_{\tilde{g}},\ [\omega_g] = [\omega_{\tilde{g}}]$$

이다. 만일 켈러메트릭이 $g = \Sigma g_{\mu\nu} dz_\mu \otimes d_{\bar{z}_\nu}$이면 켈러폼(Kähler form)은 $\omega_g = \frac{i}{2}\Sigma g_{\mu\nu} dz_\mu \wedge d\bar{z}_\nu$이다.

(2) 만일 $(X, g, J, \omega_g, \mathrm{Ric}_g)$가 콤팩트 켈러-아인스타인다양체이고, $\mathrm{Ric}_g = \lambda g$가 켈러-아인스타인 방정식일 때, $\lambda = 0$이면 $\mathrm{Ric}_g = 0$이므로 X는 칼라비-야우다양체이다.

(3) 칼라비는 첫째 천류를 나타내는 2-폼에 대하여 메트릭을 변형하여 비선형 편미분방정식인 **몽-암페레 타입**(Monge-Ampére type)으로 변형하여 구하는 편미분방정식의 해가 존재하면 유일한 켈러메트릭이 존재하여 주어진 2-폼이 됨을 밝혔다. 야우는 편미분방정식을 연속적으로 보아 쉬운 편미분방정식으로 변형하여 해를 구하고 주어진 2-폼을 리치폼으로 나타내는 켈러메트릭의 존재성을 증명하였다.

(4) 칼라비-야우다양체 (V, g, J, ω)는 콤팩트 켈러다양체로서 $c_1(TV) = 0$이고 $\mathrm{Ric}_g = 0$이다. 그러나 정의는 약간의 차이가 있으나 편의상 아래 소개한 모든 조건을 만족한다고 하자. 또한 거울대칭에서는 주로 3-차원 퀸틱3-폴드(quintic threefold)을 사용할 것이다.

(1.2.4) 홀로노미(Holonomy)

V가 n-차원 콤팩트 켈러다양체라 하자.

(1) 다음 4조건은 동치이다.

(a) **홀로노미군**(holonomy group)이 $SU(n)$인 켈러메트릭이 존재

한다.

(b) 모든 곳에서 0이 아닌 **홀로몰픽 n-폼**(holomorphic n-form)이 존재한다.

(c) **케노니칼번들**(cannonical bundle) $K_V = \mathscr{O}_V$이 자명이다.

(d) V의 **구조군**(structure group)이 $SU(n)$이다.

(2) V가 단순연결(simply connectied)이면 다음이 동치이다.

(a) $c_1(V) = 0$.

(b) K_V이 플랫(flat).

(c) $\mathrm{Ric}_g = 0$인 켈러메트릭 g가 존재한다.

(d) **국소홀로노미**(local holonomy)가 $SU(n)$의 부분군인 켈러메트릭이 존재한다.

(1.2.5) 칼라비-야우다양체의 성질

(V, g, J, ω)를 n-차원 칼라비-야우다양체라 하자.

(1) 첫째천류 $c_1(TV) = 0$이다.

(2) 리치텐서 $\mathrm{Ric}_g = 0$인 켈러메트릭 g가 V상에 존재한다.

(3) 케노니칼번들(canonical bundle) $K_V \equiv \Omega^n(V) \simeq \mathscr{O}_V$이 자명(trivial)이다.

(4) V의 모든 점에서 0이 아닌(nowhere vanishing) 홀로몰픽 n-폼(holomorphic n-form) Ω가 존재한다.

(5) 탄젠트번들(tangent bundle) $TV \to V$의 구조군(structure group)이 $SU(n)$이다.

(6) V상에 홀로노미군(holonomy group)이 $\mathrm{SU}(n)$의 부분군(subgroup)이다.

(7) $\widetilde{V}$를 V의 유한피복(finite cover)이면

(a) $K_{\widetilde{V}} \simeq \mathcal{O}_{\widetilde{V}}$

(b) $\widetilde{V} \simeq T \times N$, T : 토러스, $\pi_1(N) = 0$, $K_N \simeq \mathcal{O}_N$

이다.

(8) V는 버라이어티(variety)로서 오비폴드(orbifold)까지 포함한다.

(9) $H^1(V, O_V) = \cdots = H^{n-1}(V, O_V) = \{0\}$으로서, 호지수(Hodge number)는 $h^{0,1}(V) = \cdots = h^{0,n-1}(V) = 0$, 호지대칭에 의하여 $h^{1,0}(V) = \cdots = h^{n-1,0}(V) = 0$이다.

(10) (3)과 (4)에 의하여 $H^{n,0}(V) \simeq H^{0,n}(V) \simeq <\Omega> = \mathbb{C}$이다.

(11) (6)와 (9)에 의하여 $H^1(V, \mathbb{C}) = \{0\}$, $b_1(V) = 0$이다.

(12) 칼라비-야우버라이어티 V상에서 포앙카레듀알이 성립한다.

즉, $H^k(V, \mathbb{C}) \simeq H_{2n-k}(V, \mathbb{C}) \simeq H^{2n-k}(V, \mathbb{C}) \simeq H_k(V, \mathbb{C})$이다.

1.3 칼라비-야우다양체의 예(Examples)

칼라비-야우다양체 V는 복소사영공간 $\mathbb{P}^n$의 대수적버라이어티(algebric variety)에서 찾을 수 있다. $\mathbb{P}^n$이 콤팩트 켈러다양체이므로 V도 콤팩트 켈러버라이어티이다. 만일 V의 케노니칼번들 $K_V \simeq \mathcal{O}_V$이 자명(trivial)이면, 야우의 정리에 의하여 V상에 켈러메트릭 g가 존재하여 리치폼 $\mathrm{Ric}_g = 0$이고 $c_1(TV) = [\mathrm{Ric}_g(J\cdot, \cdot)] = 0$이다. $K_V \simeq \mathcal{O}_V$인 대수적버라이어티 V를 찾아보자.

(1.3.1) 칼라비-야우 대수곡선(Algebric Curve)

복소사영평면 $\mathbb{P}^2$의 좌표를 $[z_0, z_1, z_2]$라 하고, f를 $\mathbb{P}^2$상에서 정의된 k-차 동차다항식이라 하고, **대수곡선**(algebraic curve)을

$V := \{[z_0, z_1, z_2] \in \mathbb{P}^2 \mid f([z_0, z_1, z_2]) = 0\}$라 하자.

생성원(generator)를 $x \in H^2(\mathbb{P}^2, \mathbb{Z})$, $\bar{x} \in H_2(\mathbb{P}^2, \mathbb{Z})$라 하면, **전천류**(total Chern class)는

$c(T\mathbb{P}^2) = (1+x)^3 = 1 + 3x + 3x^2$,

$c(N) = 1 + kx$ 이고,

$[V] = k\bar{x} \in H_2(\mathbb{P}^2, \mathbb{Z})$이다.

여기서 N은 $\mathbb{P}^2$에서 V의 **노말번들**(normal bundle)이다.

V의 전천류는

$$\begin{aligned} c(TV) &= c(T\mathbb{P}^2 - N) = c(T\mathbb{P}^2) \cdot c(-N) \\ &= (1+3x) \cdot (1-kx) = 1 + (3-k)x \end{aligned}$$

이고, V의 **오일러류**(Euler class) = 첫째천류 $= c_1(TV) = (3-k)x \in H^2(V, \mathbb{Z})$이다. V의 **지너스**(genus)를 g라 하면, V의 오일러수는 $\chi(V) = 2 - 2g = c_1(TV)[V] = (3-k)x \cdot k\bar{x} = (3-k)k$이므로 V의 지너스는 $g = \dfrac{(k-1)(k-2)}{2}$이다.

또한 $c_1(TV) = (3-k)x$이므로 $k=3$일 때, $g=1$이고 $V \simeq S^1 \times S^1$이고 $c_1(TV) = 0$이다.

따라서 $V = \{[z_0, z_1, z_2] \in \mathbb{P}^2 \mid z_0^3 + z_1^3 + z_2^3 = 0\} \simeq S^1 \times S^1$은 지너스 1인 **엘립틱커브**(elliptic curve)로서 칼라비-야우다양체이다.

(1.3.2) 쿰머곡면(Kummer Surface)

쿰머곡면(Kummer surface)을 $V := \left\{ [z_0, z_1, z_2] \in \mathbb{P}^3 \,\middle|\, \sum_{i=0}^{3} z_i^4 = 0 \right\}$

라 정의한다.

위상수학에서 $H_1(V, \mathbb{Z}) \simeq H^3(V, \mathbb{Z}) = \{0\}$, $H^2(V, \mathbb{Z}) \simeq \mathbb{Z}^{22}$이고 V의 **교차폼**(intersection form)은 $(-2E_8 \oplus 3H)$이다.

$$\text{여기서 } E_8 = \begin{bmatrix} 2 & -1 & 0 & 0 & 0 & 0 & 0 & 0 \\ -1 & 2 & -1 & 0 & 0 & 0 & 0 & 0 \\ 0 & -1 & 2 & -1 & 0 & 0 & 0 & 0 \\ 0 & 0 & -1 & 2 & -1 & 0 & 0 & 0 \\ 0 & 0 & 0 & -1 & 2 & -1 & 0 & -1 \\ 0 & 0 & 0 & 0 & -1 & 2 & -1 & 0 \\ 0 & 0 & 0 & 0 & 0 & -1 & 2 & 0 \\ 0 & 0 & 0 & 0 & -1 & 0 & 0 & 2 \end{bmatrix}, \quad H = \begin{bmatrix} 0 & 1 \\ 1 & 0 \end{bmatrix}$$

이고 E_8은 **카르탕행렬**(Cartan matrix)이다.

$V = \left\{ [z_0, z_1, z_2, z_4] \in \mathbb{P}^3 \mid \sum_{i=0}^{3} z_i^k = 0 \right\}$라 하자.

(1.3.1)에서와 같이, $x \in H^2(\mathbb{P}^3, \mathbb{Z})$, $\overline{x} \in H_2(\mathbb{P}^3, \mathbb{Z})$을 생성원이라 하고, N을 $\mathbb{P}^3$에서 V의 노말번들이라 하자.

전천류는 $c(T\mathbb{P}^3) = (1+x)^4 = 1 + 4x + 6x^2 + 4x^3$, $c(N) = 1 + kx$, $c(-N) = \dfrac{1}{c(N)} = 1 - kx + k^2x^2 - k^3x^3$이다. 따라서 V의 전천류는

$$\begin{aligned} c(TV) &= c(T\mathbb{P}^3 - N) = c(T\mathbb{P}^3) \cdot c(-N) \\ &= (1 + 4x + 6x^2 + 4x^3)(1 - kx + k^2x^2 - k^3x^3) \\ &= 1 + (4-k)x + (k^2 - 4k + 6)x^2 + \end{aligned}$$

이다.

따라서 **첫째천류** $c_1(TV)=(4-k)x$이고 V의 **오일러지표**(Euler characteristic)는

$$\chi(V)=c_2(TV)[V]=(k^2-4k+6)x^2\cdot k\overline{x}^2$$
$$=k^3-4k^2+6k$$

이며 V의 **시그네이춰**(signature)는

$$\sigma(V)=\frac{1}{3}p_1(TV)[V]=\frac{1}{3}\big(c_1(TV)^2-2c_2(TV)\big)[V]$$
$$=\frac{1}{3}\left[(4-k)^2x^2-2(k^2-4k+6)x^2\right]\cdot(k\overline{x}^2)$$
$$=\frac{1}{3}(-k^3+4k)$$

이다.

만일 $k=4$일 때 $c_1(TV)=0$이므로 쿰머곡면 V는 칼라비-야우이고, 시그네이춰는 $\sigma(V)=-16$이고, 오일러지표는

$$\chi(V)=k^3-4k^2+6k=4^3-4\cdot 4^2+6\cdot 4=24$$
$$=b_2-b_1+b_2-b_3+b_4=1+b_2+1 \text{이므로 } b_2=22\text{이다.}$$

여기서 $b_1=b_3=0$이다(렆셔츠정리).

(1.3.3) 칼라비-야우 3-폴드(Calabi-Yau Threefold)

(1.3.1)과 (1.3.2)에서와 같이 $V\subset\mathbb{P}^4$를 $\mathbb{P}^4$상에서 정의된 k**-차 동차 다항식**(degree k homogeneous polynomial)의 해집합이라 하고, N을 $\mathbb{P}^4$에 대한 V의 노말번들이라 하자. 원소 $x\in H^2(\mathbb{P}^4,\mathbb{Z})$, $\overline{x}\in H_2(\mathbb{P}^4,\mathbb{Z})$의 생성원이라 하자. 전천류는

$$c(T\mathbb{P}^4)=(1+x)^5=1+5x+10x^2+10x^3+5x^4,$$

$$c(N)=1+kx,\ c(-N)=1-kx+k^2x^2-k^3x^3+k^4x^4,$$

이고 V의 전천류는

$$\begin{aligned}
&c(TV)\\
&=c(T\mathbb{P}^4-N)=c(T\mathbb{P}^4)\cdot c(-N)\\
&=(1+5x+10x^2+10x^3+5x^4)\cdot(1-5x+k^2x^2-k^3x^3)\\
&=1+(5-k)x+(10+k^2-5k)x^2+(10-k^3+5k^2-10k)x^3
\end{aligned}$$

이므로, $c_1(TV)=(5-k)x$, $c_3(TV)=(10-k^3+5k^2-10k)x^3$ 이다.

V의 베티수(Betti number) $b_0(V)=b_6(V)=1$,

렆셔츠정리에 의하여 $b_1(V)=b_5(V)=0$, $b_2(V)=b_4(V)=1$이고,

오일러수는 $\chi(V)=c_3(TV)\cdot[V]$

$$\begin{aligned}
&=(10-k^3+5k^2-10k)x^3\cdot k\overline{x}^3\\
&=-k^4+5k^3-10k^2+10k
\end{aligned}$$
이다.

따라서 $b_3(V)=-\chi(V)+4$

$$=k^4-5k^3+10k^2-10k+4$$
이다.

만일 $k=5$이면, $c_1(TV)=(5-k)x=0$이므로 V는 칼라비-야우이며, V를 **칼라비-야우** 3-**폴드**(Calabi-Yau threefold)라 한다.

오일러수 $\chi(V)=-k^4+5k^3-10k^2+10k=-200$

$$\begin{aligned}
&=b_0-b_1+b_2-b_3+b_4-b_5+b_6\\
&=1-0+1-b_3+1-0+1=4-b_3
\end{aligned}$$

이고, $b_3(V)=-\chi(V)+4=204$이다.

호지분리에 의하여

$H^3(V,\mathbb{C})=H^{3,0}(V)\oplus H^{2,1}(V)\oplus H^{1,2}(V)\oplus H^{0,3}(V)$, V가 칼라

비-야우이므로 $H^{3,0}(V)=H^0(V,\Omega^3 V)=H^0(V,\mathscr{O}_V)=\mathbb{C}$, **세레듀알**(Serre duality)에 의하여

$H^{0,3}(V)=H^{3,0}(V)=\mathbb{C}$, $H^{2,1}(V)\simeq H^{1,2}(V)$이므로

$H^{2,1}(V)=H^{1,2}(V)=\mathbb{C}^{101}$이다.

퀸틱3-폴드 $V=\left\{[z_0, z_1, z_2, z_3, z_4]\in\mathbb{P}^4 \;\middle|\; \sum_{i=0}^{4} z_i^5=0\right\}$의

V의 **호지다이아몬드**(Hodge diamond)는

$$\begin{matrix} & & & 1 & & & \\ & & 0 & & 0 & & \\ & 0 & & 1 & & 0 & \\ 1 & & 101 & \bullet & 101 & & 1 \\ & 0 & & 1 & & 0 & \\ & & 0 & & 0 & & \\ & & & 1 & & & \end{matrix}$$

다음에 V의 거울다양체 V^0을 구성하고 호지다이아몬드를 비교할 것이다.

(1.3.4) 복소사영공간의 초공간

앞의 예 (1.3.1)~(1.3.3)을 일반화 해보자.

p를 복소사영공간 $\mathbb{P}^{n+1}$에서 정의된 $(n+2)$-차 **동차다항식**(homogeneous polynomial)이라 하고

$$V:=\left\{[z_0, \cdots z_{n+1}]\in\mathbb{P}^{n+1} \mid p([z_0, \cdots, z_{n+1}])=0\right\}$$

를 $p=0$의 해집합이라 하자. V의 전천류는

$$c(TV) = c(T\mathbb{P}^{n+1} - N) = c(T\mathbb{P}^{n+1}) \cdot c(-N)$$
$$= (1+x)^{n+2}(1+(n+2)x)^{-1}$$
$$= (1+(n+2)x+\cdots)(1-(n+2)x+\cdots)$$
$$= 1-(n+2)x^2+\cdots.$$

이므로, $c_1(TV)=0$이고 V는 n-차원 칼라비-야우 버라이어티이다.

(1.3.5) 하이퍼켈러다양체(Hyper Kähler Manifold)

하이퍼켈러다양체는 1979년 칼라비(E. Calabi)에 의하여 정의되었다. 간단히 정의와 성질을 소개하자.

하이퍼켈러다양체(hyper Kähler manifold)의 정의는 리만다양체 (X, g)상에 복소구조 $I, J, K, (I^2=J^2=K^2=IJK=-1)$ 존재하여 각각이 리만메트릭 g에 관하여 켈러이다.

(1) 동치로서, 하이퍼켈러다양체는 $4n$-차원 리만다양체 (X, g)로서 g에 의한 **홀로노미군**(holonomy group)이 콤팩트 심플렉틱군(compact symplectic group)

$$SP(n) := SP(2n, \mathbb{C}) \cap U(2n) = SP(2n, \mathbb{C}) \cap SU(2n)$$

의 부분군이다.

여기서 $SP(n) = \{h : \mathbb{H}^n \to \mathbb{H}^n$는 I, J, K에 대하여 사원동형(quaternionic isomorphism), $\det(H)=1\}$,

$SP(2n, \mathbb{C}) = \{h : \mathbb{C}^{2n} \to \mathbb{C}^{2n}$는 복소동형, $\det(h)=1\}$이다.

(2) 만일 (X, g, I, J, K)이 하이퍼켈러다양체라 하고, ω_I, ω_J, ω_K를 각각 (g, I), (g, J), (g, K)의 켈러폼이라고 하면 $\omega_J + i\omega_K$는 (g, I)에 관한 켈러폼이다.

(3) 모든 하이퍼켈러다양체는 리치텐서 0 (Ricci flat)이고, 칼라비-야우다양체이다.

(4) 모든 하이퍼켈러다양체 (X, g, I, J, K)는 g를 켈러메트릭으로 하는 2-차원구의 복소구조들을 갖는다.
즉, $a, b, c \in \mathbb{R}$, $a^2+b^2+c^2=1$에 대하여 $aI+bJ+cK$도 복소구조이고, $a\omega_I+b\omega_J+c\omega_K$ 복소구조 $aI+bJ+cK$의 켈러폼(Kähler-form)이다.

(5) 하이퍼켈러다양체의 예 :
(i) $\mathbb{H}^n$, $n \geq 1$, 코탄젠트번들 T^*S^2, $T^*\mathbb{P}^n$는 하이퍼켈러다.
(ii) 모든 복소 2-차원(실수 4-차원) 칼라비-야우다양체는 하이퍼켈러다. 왜냐하면 $SU(2) \simeq SP(1)$이기 때문이다. ■

(1.3.6) 칼라비-야우 3-폴드 거울대칭 예

(1) K3-**곡면**(K3-surface) X는 $q(X)=h^{0,1}(X)=0$, $K_X=\mathcal{O}_X$인 곡면이다. 위상적 성질은 다음과 같다. (예(1.3.2) 참조)
(i) $H^1(X,\mathbb{Z})=H^3(X,\mathbb{Z})=0$, $H^2(X,\mathbb{Z})=\mathbb{Z}^{22}$,
$H^0(X,\mathbb{Z})=H^4(\mathbb{Z})=\mathbb{Z}$,
교차형식(intersection form)은 $-2E_8 \oplus 3H$.
(ii) $h^{0,1}(X)=h^{1,0}(X)=h^{2,1}(X)=h^{1,2}(X)=0$,
$h^{0,2}(X)=h^{2,0}(X)=1$, $h^{1,1}(X)=20$.
(iii) $c_1(X)=0$, $c_2(X)=24$.
(iv) (X,h,I,ω)이 켈러 K3-곡면이면 X상에 유일한 **리치플렛켈러메트릭**(unique Ricci flat Kähler metric) g가 존재하여

$\omega = [g(I\cdot\ ,\ \cdot)]$ 이며, 또한 복소구조 J가 존재하여 $\{g, I, J\}$ 은 **사원구조**(quaternionic structure)가 된다.

(v) **대합**(involution) $i : X \to X$이 존재하여 $H^{2,0}(X)$에서 -1로 작용하고, i의 고정점집합(fixed point locus)는 서로소인 커브(disjoint curve) $C_1, \cdots, C_N$이다.

(2) E를 엘립틱커브(elliptic curve)라 하자. (예(1) 참조)
맵 $j : E \to E$를 대합($j^2 = 1$)이며 $E/ < j > \simeq \mathbb{P}^1$이고, 고정점집합을 4개의 점 $\{P_1, P_2, P_3, P_4\}$라 하자. 여기서 $c_1(E) = 0$이다.

(3) $k = (i, j) : X \times E \to X \times E$, $k(x, e) = (i(x), j(e))$를 대합이라 하자. $C_{r,s} := C_r \times P_s$, $1 \le r \le N$, $1 \le s \le 4$라 하면, k의 고정점집합은 $\{C_{r,s} \mid 1 \le r \le N,\ 1 \le s \le 4\}$ $4N$커브이다. 만일 $X \times E$를 $\{C_{r,s}\}$ 따라 **블로업**(blow up)하면 3-폴드(threefold) $\widetilde{X \times E}$을 얻고, $D = \cup D_{r,s}$ **예외디바이저**(exceptional divisor) 갖는다. 또한 k는 $\widetilde{X \times E}$상의 대합 $\tilde{k}$을 유도한다. 그러면 $V := \widetilde{X \times E}/ < \tilde{k} >$는 $4N$개의 디바이저 D를 갖는다.

(4) V는 스므스 칼라비-야우 3-폴드이다.

(i) 만일 $g_s = C_s$의 지너스라 하고 $N' = \sum_{s=1}^{N} g_s$라 두면

$h^{1,1}(V) = 11 + 5N - N'$, $h^{2,1}(V) = 11 + 5N' - N$이다.

(ii) (i)을 증명하자.

V는 $4N$개의 디바이저 $D = \bigcup_{r,s} D_{r,s}$을 갖으며, 이는 $H^{1,1}(V)$의 류(class)이다.

X는 i의 고정점은 $C=\bigcup_r C_r$이므로 오일러수는

$$\chi(X/<i>)=\chi(X/<i>-\bigcup_r C_r)+\sum_r \chi(C_r)$$
$$=\frac{1}{2}\chi\Big(X-\sum_r(2-2g_r)\Big)+\sum_r(2-2g_r)$$
$$=\frac{1}{2}\Big(24-\sum_r(2-2g_r)\Big)+\sum_r(2-2g_r)$$
$$=12+N+N'.$$

한편 $b_0(X/<i>)=b_4(X/<i>)=1$,

$b_1(X/<i>)=b_3(X/<i>)=0$,

$h^{2,0}(X/<i>)=h^{0,2}(X/<i>)=0$이다.

$\chi(X/<i>)=b_0+b_2+b_4=12+N-N'$이므로

$h^{1,1}(X/<i>)=10+N-N'$이다.

사영맵 $\widetilde{X\times E}\to E$에서 $H^{1,1}(E)\to H^{1,1}(\widetilde{X\times E})$을 고려하면,

$$H^{1,1}(V)\simeq\bigoplus_{r,s}\langle[D_{r,s}]\rangle\oplus H^{1,1}(X/<i>)\oplus H^{1,1}(E)$$

이다. 따라서

$h^{1,1}(V)=4N+(10+N+N')+1=11+5N-N'$이며

$H^{2,1}(V)=H^{2,1}(\widetilde{X\times E})^{\tilde{k}}$는 $H^{2,1}(\widetilde{X\times E})$의 $\tilde{k}$-불변원소들이다.

사영맵 $\widetilde{X\times E}\supset D_{r,s}\to X\supset C_{r,s}$에 대한 **아벨-자코비맵** (Abel-Jacobi map)

$H^{1,0}(C_{r,s})\to H^{2,1}(\widetilde{X\times E})$은 단사이다.

$H^{1,1}(X)^-=H^{1,1}(X)$에서 i^*의 (-1)-고유공간(eigenspace)라 하자. $H^1(E)$에서 $j^*=-1$, $H^{2,0}(X)$에서 $i^*=-1$이므로,

$H^{1,1}(X)^- \otimes H^{1,0}(E)$와 $H^{2,0}(X)^- \otimes H^{0,1}(E)$는 $\tilde{k}$-불변이다.

따라서 $H^{1,0}(E) = H^{0,1}(E) = \mathbb{C}$이고

$H^{2,1}(V) \simeq \bigoplus_{r,s} H^{1,0}(C_{r,s}) \oplus H^{1,1}(X)^- \oplus H^{2,0}(X)$이다.

$H^{1,1}(X)^+$를 $H^{1,1}(X)$에서 i^*의 $(+1)$-고유공간이라 하면

$h^{1,1}(X/<i>) = 10 + N - N'$이고

$H^{1,1}(X)^+ = 10 + N - N'$,

$h^{1,1}(X)^- = 10 + N' - N$이다.

따라서 $h^{2,1}(V) = 4N' + (10 + N' - N) + 1 = 11 + 5N' - N$

이다. ■

(iii) 위의 구성에서 N과 N'를 바꾸어 구성하는 3-폴드를 V^0라 하면, V^0도 칼라비-야우 3-폴드이고 V의 거울대칭다양체가 된다.

Chapter 02 글로모브-위튼불변량 (Gromov-Witten Invariant)

글로모브-위튼불변량은 보다 일반적으로 심플렉틱다양체(symplectic manifold)에서 정의하나 거울대칭(mirror symmetry)에 이용하기 위하여 복소사영대수버라이어티(complex projective algebraic variety) (X, ω)에서 시작하자.

2.1 글로모브-위튼모듀라이 공간 (Gromov-Witten Moduli Space)

(X, ω, J)를 복소사영대수버라이어티, $\beta \in H_2(X, \mathbb{Z})$, (Σ, j)를 **산술적지너스** g**커브**(arithmetic genus g curve)라 하고,
$p_1, \cdots, p_n \in \Sigma$을 스므스(smooth)한 서로 다른 순서가 정해진 n개의 **마크점**(marked point)이라 하자.

(2.1.1) 안정맵(Stable Map)

정의 (1) 맵 $u : (\Sigma, p_1, \cdots, p_n) \longrightarrow X$이 n-점 **안정맵**(n-pointed stable map)이란 다음 조건을 만족한다.

(i) 맵 u는 홀로몰픽(holomorphic), 즉 $duj = Jdu$이다.
(ii) 커브 Σ는 노드특이점(node singular point)를 허용한다.
(iii) 마크점(marked point) $p_1, \cdots, p_n \in \Sigma$는 스므스점이다.
(iv) Σ의 한 성분 $\Sigma_i \simeq \mathbb{P}^1$에서 $u|_{\Sigma_i}$=상수맵이면 Σ_i는 ≥ 3의 마

크점 혹은 특이점(singular point)을 포함해야 한다.

(v) 만일 Σ의 지너스 $g=1$이고 $n=0$이면 u는 상수맵이 아니다.

(2) 특히 X가 한 점, $n+2g\geq 3$(안정적 조건)일 때 **들리뉴-멈포드 모듈라이 공간**(Deligne-Mumford moduli space)은

$$\overline{\mathcal{M}}_{g,n}=\{(\Sigma, p_1, \cdots p_n) \mid \Sigma\text{는 산술적 지너스 } g\text{커브}, p_1, \cdots, p_n\text{은 } \Sigma\text{의 스므스점, 각 성분 } \Sigma_j\text{는 } n_j+2g_j\geq 3\}/\mathrm{Aut}(\Sigma)\text{이다.}$$

여기서 $\mathrm{Aut}(\Sigma)$는 마크점과 특이점을 보존하는 **자기동형맵**(automorphism)의 군(group)이다.

안정적(stable) 조건에 의하여 $\mathrm{Aut}(\Sigma)$는 유한군이고, 뒤에서 설명하지만, 모듈라이공간 $\overline{\mathcal{M}}_{g,n}$은 콤팩트 오비폴드(orbifold)로서 $(3g-3+n)$차원을 갖는다.

(3) **글로모브-위튼모듈라이 공간**(Gromov-Witten moduli space)은 정수호몰로지류 $\beta\in H_2(X,\mathbb{Z})$에 대하여

$$\overline{\mathcal{M}}_{g,n}(X,\beta)=\{u:(\Sigma, p_1, \cdots p_n)\to X \mid u\text{는 } n\text{-점 안정맵}, \Sigma\text{는 산술적 지너스 } g\text{커브}, u_*([\Sigma])=\beta\}$$

로서 정의하며, **리만-록정리**(Riemann-Roch theorem)에 의하여 복소 $[(\dim X-3)(1-g)+c_1(TX)\beta+n]$-차원 콤팩트 오비폴드이다.

예 (1) $\dim_{\mathbb{C}}\overline{\mathcal{M}}_{g,n}=(3g-3+n)$이므로 $\overline{\mathcal{M}}_{0,3}=$점, 즉, S^2에서 3점을 고정하는 홀로몰픽맵은 유일하다. 만일 $n\leq 2$이면 $\overline{\mathcal{M}}_{0,n}=\phi$이다.

(2) $X=\mathbb{P}^k$, $\beta=dl\in H_2(X,\mathbb{Z})=\langle l\rangle$이면
$\dim\overline{\mathscr{M}}_{g,n}(\mathbb{P}^k, dl)=(k-3)(1-g)+(k+1)d+n$이다.
(3) X가 퀸틱3-폴드이면, 모든 $\beta\in H_2(X,\mathbb{Z})$에 대하여
$\dim\overline{\mathscr{M}}_{g,n}(X,\beta)=(\dim X-3)(1-g)+c_1(TX)\beta+n=n$이다.

주의 특별한 언급이 없으면 차원은 복소차원이다.

(2.1.2) 모듈라이공간(Moduli Space)

모듈라이공간 $\overline{\mathscr{M}}_{g,n}(X,\beta)$의 성질을 알아보자.

(1)
$$\begin{aligned}\dim\overline{\mathscr{M}}_{g,n}(X,\beta)&=(\dim X-3)(1-g)+c_1(TX)\beta+n\\&=[(3g-3)+n]+[(1-g)\dim X+c_1(TX)\beta]\\&=\dim\overline{\mathscr{M}}_{g,n}+\dim\overline{\mathscr{M}}_{g}(X,\beta)\end{aligned}$$

여기서 $\overline{\mathscr{M}}_{g}(X,\beta)$은 정의역 $(\Sigma, p_1, \cdots, p_n)$의 복소구조와 마크점 $p_1, \cdots, p_n\in\Sigma$이 고정되어 있다. 모듈라이공간의 차원은 바나흐 공간(Banach space)상의 엘립틱연산자(elliptic operator)의 지표이다.

(2) 자연스러운 맵

$$\pi_1 : \overline{\mathscr{M}}_{g,n}(X,\beta) \longrightarrow X^n ;$$
$$[f:(\Sigma, p_1, \cdots, p_n)\to X] \mapsto (f(p_1), \cdots, f(p_n)),$$

$$\pi_2 : \overline{\mathscr{M}}_{g,n}(X,\beta) \longrightarrow \overline{\mathscr{M}}_{g,n} ;$$
$$[f:(\Sigma, p_1, \cdots, p_n)\to X] \mapsto (\widetilde{\Sigma}, \widetilde{p_1}, \cdots, \widetilde{p_n})$$

여기서 $(\widetilde{\Sigma}, \widetilde{p_1}, \cdots, \widetilde{p_n})$은 불안정한 $(\Sigma, p_1, \cdots, p_n)$ 성분을 축소(shrink)한 안정커브(stable curve)이다. 이때 커브를 변형해도 g와 n은 불변이다.

(3) 다음은 포앙카레듀알맵 PD와 기신맵 $\pi_2!$을 생각해보자.

$$
\begin{array}{ccccc}
H^*(X^n, \mathbb{Q}) & \xrightarrow{\pi_1^*} & H^*(\overline{\mathcal{M}}_{g,n}(X,\beta), \mathbb{Q}) & \xrightarrow{\pi_2!} & H^{*+2m}(\overline{\mathcal{M}}_{g,n}, \mathbb{Q}) \\
 & & \downarrow PD & & \uparrow PD^{-1} \\
 & & H_*(\overline{\mathcal{M}}_{g,n}(X,\beta), \mathbb{Q}) & \xrightarrow{\pi_{2*}} & H^*(\overline{\mathcal{M}}_{g,n}, \mathbb{Q})
\end{array}
$$

여기서 기신맵 $\pi_2! = PD^{-1} \circ \pi_{2*} \circ PD$이고,

$$
\begin{aligned}
m &:= \dim \overline{\mathcal{M}}_{g,n} - \dim \overline{\mathcal{M}}_{g,n}(X, \beta) \\
&= -[(1-g)\dim X + c_1(TX)\beta] = -\dim \overline{\mathcal{M}}_g(X, \beta)\text{이다.}
\end{aligned}
$$

2.2 글로모브-위튼불변량 (Gromov-Witten Invariant)

복소대수적사영버라이어티 X상에서 $\beta \in H_2(X, \mathbb{Z})$, $n + 2g \geq 3$이며, 글로모브-위튼모듀라이 공간을 $\overline{\mathcal{M}}_{g,n}(X, \beta)$라 하자.

(2.2.1) 글로모브-위튼맵(Gromov-Witten Map)

(1) **글로모브-위튼맵**(Gromov-Witten map)을

$\Phi_{g,n,\beta} : H^*(X^n, \mathbb{Q}) \to H^{*+2m}(\overline{\mathcal{M}}_{g,n}, \mathbb{Q})$,

$\Phi_{g,n,\beta}(\alpha_1 \otimes \cdots \otimes \alpha_n) := (\pi_2! \circ \pi_1^*)(\alpha_1 \otimes \cdots \otimes \alpha_n)$

로 정의하고, 상 $\Phi_{g,\,n,\,\beta}(\alpha_1 \otimes \cdots \otimes \alpha_n)$을 **글로모브-위튼류**(Gromov-Witten class)라 한다.

여기서 $m := \dim \overline{\mathscr{M}}_{g,\,n} - \dim \overline{\mathscr{M}}_{g,\,n}(X,\,\beta)$이다.

(2) 만일 $\deg(\Phi_{g,\,n,\,\beta}(\alpha_1 \otimes \cdots \otimes \alpha_n)) = 2 \cdot \dim \overline{\mathscr{M}}_{g,\,n}$이면, 맵을

$< \Phi_{g,\,n,\,\beta} > \; : H^*(X,\,\mathbb{Q}) \longrightarrow \mathbb{Q},$

$< \Phi_{g,\,n,\,\beta} > (\alpha_1 \otimes \cdots \otimes \alpha_n) := \int_{\overline{\mathscr{M}}_{g,\,n}} \Phi_{g,\,n,\,\beta}(\alpha_1 \otimes \cdots \otimes \alpha_n)$

정의하고, 그 상 $< \Phi_{g,\,n,\,\beta} > (\alpha_1 \otimes \cdots \otimes \alpha_n)$을 **글로모브-위튼불변량**(Gromov-Witten invariant)이라 한다.

(2.2.2) 글로모브-위튼불변량(Gromov-Witten Invariant)

(1) 글로모브-위튼불변량은

$$< \Phi_{g,\,n,\,\beta} > (\alpha_1 \otimes \cdots \otimes \alpha_n) = \int_{\overline{\mathscr{M}}_{g,\,n}} \pi_2 !\, \pi_1{}^* (\alpha_1 \otimes \cdots \otimes \alpha_n)$$
$$\overset{(*)}{=} \int_{\overline{\mathscr{M}}_{g,\,n}(X,\,\beta)} \pi_1^* (\alpha_1 \otimes \cdots \otimes \alpha_n) \in \mathbb{Q}$$

유리수이다.

$(*)$을 증명해보자:

만일 $\dim_{\mathbb{R}} \overline{\mathscr{M}}_{g,\,n}(X,\,\beta) = 2k$이면, 포앙카레듀알은

$$PD : H_{2k}(\overline{\mathscr{M}}_{g,\,n}(X,\,\beta),\,\mathbb{Q}) \longrightarrow H^0(\overline{\mathscr{M}}_{g,\,n}(X,\,\beta),\,\mathbb{Q})$$

$PD\big([\overline{M}_{g,\,n}(X,\,\beta)]\big) = 1$이다.

맵 $\pi := (\pi_1,\,\pi_2) \circ \Delta : \overline{\mathscr{M}}_{g,\,n}(X,\,\beta) \longrightarrow X^n \times \overline{\mathscr{M}}_{g,\,n}$라 정의하자.

여기서 Δ는 **대각맵**(diagonal map)이다.

P_i, $i=1,2$를 $X^n \times \overline{\mathcal{M}}_{g,n}$의 첫번째, 둘째 사영맵이라 하면 $\pi_i = P_i \circ \pi$, $i=1,2$이다.

글로모브-위튼류는

$$\begin{aligned}
&\Phi_{g,n,\beta}(\alpha_1 \otimes \cdots \otimes \alpha_n) \\
&= \pi_2 ! \pi_1^* (\alpha_1 \otimes \cdots \otimes \alpha_n) \\
&= \pi_2 ! PD^{-1}\left[\pi_1^* (\alpha_1 \otimes \cdots \otimes \alpha_n) \cap \left(\overline{\mathcal{M}}_{g,n}(X,\beta)\right)\right] \\
&= PD^{-1}\pi_{2*}\left[\pi_1^* (\alpha_1 \otimes \cdots \otimes \alpha_n) \cap \left(\overline{\mathcal{M}}_{g,n}(X,\beta)\right)\right] \\
&= PD^{-1}P_{2*}\pi_*\left(\pi^* P_1^* (\alpha_1 \otimes \cdots \otimes \alpha_n)\right) \cap \left(\overline{\mathcal{M}}_{g,n}(X,\beta)\right) \\
&= PD^{-1}P_{2*}\left[P_1^* (\alpha_1 \otimes \cdots \otimes \alpha_n) \cap \pi_*\left(\overline{\mathcal{M}}_{g,n}(X,\beta)\right)\right]
\end{aligned}$$

이다. 글로모브-위튼불변량은

$$\begin{aligned}
&< \Phi_{g\ n,\beta} > (\alpha_1 \otimes \cdots \otimes \alpha_n) \\
&= \int_{\overline{\mathcal{M}}_{g,n,\beta}} \Phi_{g,n,\beta}(\alpha_1 \otimes \cdots \otimes \alpha_n) \\
&= \int_{\overline{\mathcal{M}}_{g,n}} PD^{-1}P_{2*}\left[P_1^* (\alpha_1 \otimes \cdots \otimes \alpha_n) \cap \pi_*\left(\overline{\mathcal{M}}_{g,n}(X,\beta)\right)\right] \\
&= \int_{\overline{\mathcal{M}}_{g,n}(X,\beta)} \pi_1^* (\alpha_1 \otimes \cdots \otimes \alpha n_n)
\end{aligned}$$

이다. ■

(2) **이벨류에이션맵**(evaluation map)

$e := \pi_1 : \overline{\mathcal{M}}_{g,n}(X,\beta) \longrightarrow X^n,$

$[u;(\Sigma, p_1, \cdots, p_n) \to X] \mapsto (u(p_1), \cdots, u(p_n))$을 분리하여

$i=1, \cdots, n,\ e_i : \overline{\mathcal{M}}_{g,n}(X,\beta) \longrightarrow X,$

$e_i[u : (\Sigma, p_1, \cdots, p_n)] = u(p_i)$라고 정의하면, 글로모브-위튼불변량은

$$
\begin{aligned}
&< \Phi_{g,\, n,\, \beta} > (\alpha_1 \otimes \cdots \otimes \alpha_n) \\
&= \int_{\overline{\mathscr{M}}_{g,\, n}(\chi,\, \beta)} e^* (\alpha_1 \otimes \cdots \otimes \alpha_n) \\
&= \int_{\overline{\mathscr{M}}_{g,\, n}(\chi,\, \beta)} e_1^* (\alpha_1) \cup \cdots \cup e_n^* (\alpha_n)
\end{aligned}
$$

이다.

(2.2.3) 퀸틱3-폴드(Quintic Threefold)

$V \subset \mathbb{P}^4$를 퀸틱3-폴드라 하자.
V는 칼라비-야우이며, $c_1(TV) = 0$이다.

(1) l을 V상의 라인(line)이라 하면 $l \in H_2(V, \mathbb{Z})$이고 모듈라이 공간의 차원 $\dim \overline{\mathscr{M}}_{0,\,0}(V, l) = (\dim V - 3)(1-g) + c_1(TV)l = 0$이므로 $\overline{\mathscr{M}}_{0,\,0}(V, l)$는 유한집합이고, $\overline{\mathscr{M}}_{0,\,0}(\mathbb{P}^4, l) = \mathrm{Gr}(2, 5)$은 **글라스만다양체**(Grassmann manifold)로서
$\dim \overline{\mathscr{M}}_{0,\,0}(\mathbb{P}^4, l) = (\dim \mathbb{P}^4 - 3)(1-g) + c_1(T\mathbb{P}^4)l$
$= (4-3)(1-0) + 5 = 6 = \dim \mathrm{Gr}(2, 5)$이고,
$\overline{\mathscr{M}}_{0,\,0}(V, l) \hookrightarrow \overline{\mathscr{M}}_{0,\,0}(\mathbb{P}^4, l)$는 포함맵이다. 거울대칭을 이용하면 글로모브-위튼불변량은 $< \Phi_{0,\,0,\,l} > = \left| \overline{\mathscr{M}}_{0,\,0}(V, l) \right| = 2875$이다.
글로모브-위튼불변량
$< \Phi_{0,\,0,\,l} > = \left| \overline{\mathscr{M}}_{0,\,0}(V, l) \right| = 2875$는 거울대칭(mirror symmetry)에서 구할 것이다. 또한 **글로모브-위튼포텐샬**(Gromov-Witten potential)

을 이용하여 **퀀텀곱**(quantum product)을 정의하고 이 퀀텀곱이 **결합법칙**(associativity)을 만족한다. 이 결합법칙은 글로모브-위튼포텐샬은 WDVV-**방정식**을 만족하는데 이 방정식으로부터 불변량을 구할 수 있다. 예를 들면 [KM]의 (5.2.1)에서 결합법칙과 동치인 WDVV-방정식을 이용하여, $d \in H^2(\mathbb{P}^2, \mathbb{Z})$에 대하여 **반복공식**(recursive formula)

$$N(d) = \sum_{k+l=d} N(k)N(l)\,k^2 l \left[l\binom{3d-4}{3k-2} - k\binom{3d-4}{3k-1} \right],\ d \geq 2,$$

$N(2)=1$, $N(3)=12$, $N(4)=620$, $N(5)=87304$, $N(6)=26312976$, $N(7)=14616808192$를 얻었다.

(2) $V := \{ [z_0, \cdots, z_4] \in \mathbb{P}^4 \mid z_0^5 + \cdots + z_4^5 = 0 \}$라 하고 맵

$l : S^2 \longrightarrow V,\ [z_0, z_1] \mapsto (z_0, z_1, -z_0, -z_1, 0)$ 은 V상의 라인(line)이다.

모듈라이공간의 포함맵(inclusion map)

$$i : \overline{\mathscr{M}}_{0,0}(V, dl) \longrightarrow \overline{\mathscr{M}}_{0,0}(\mathbb{P}^4, dl)$$

은 매장(embedding)이다.

또한 $\dim \overline{\mathscr{M}}_{0,0}(V, dl) = 0$, $\dim \overline{\mathscr{M}}_{0,0}(\mathbb{P}^4, dl) = 5d+1$이다. 각 원소 $[u : C \to \mathbb{P}^4] \in \overline{\mathscr{M}}_{0,}(\mathbb{P}^4, dl)$와 5차(degree 5) 라인번들 $\mathbb{C} \to O_{\mathbb{P}^4}(5) \to \mathbb{P}^4$의 일반섹션(generic section)을 s라 하면 $V = s^{-1}(0)$이고, $[u] \in \overline{\mathscr{M}}_{0,}(V, dl) \Leftrightarrow u^*(s) = s \circ u = 0$이다.

따라서 벡타번들

$$\pi : \mathcal{V}_d \longrightarrow \overline{\mathcal{M}}_{0,\,0}(\mathbb{P}^4,\, dl),$$

파이버(fiber) $\pi^{-1}([u]) = H^0(C,\, u^* O_{\mathbb{P}^4}(5)),$

$$섹션\ \tilde{s} : \overline{\mathcal{M}}_{0,\,0}(\mathbb{P}^4,\, dl) \longrightarrow \mathcal{V}_d,\ \tilde{s}[u] = u^*(s)$$

을 갖는다.

벡타번들 π의 랭크(rank)는 $5d+1$이다. 왜냐하면 C는 콘벡스(convex)이고 리만-록정리에 의하여

$$\dim H^0(C,\, u^* O_{\mathbb{P}^4}(5)) = 5d+1 = \dim\left(\overline{\mathcal{M}}_{0,\,0}(\mathbb{P}^4,\, dO)\right)$$

이기 때문이다. 더욱이 $\tilde{s}^{-1}(0) = \overline{\mathcal{M}}_{0,\,0}(V,\, dl)$이다.

따라서 **글로모드-위튼불변량**은

$$\begin{aligned} < \Phi_{0,\,0,\,dl} > (1) &= \int_{\overline{\mathcal{M}}_{0,\,0}(V,\, dl)} 1 = \left|\overline{\mathcal{M}}_{0,\,0}(V,\, dl)\right| \\ &= \left| i_*\left(\overline{\mathcal{M}}_{0,\,0}(V,\, dl)\right)\right| = \left|\tilde{s}^{-1}(0)\right| \\ &= \int_{\overline{\mathcal{M}}_{0,\,0}(\mathbb{P}^4,\, dl)} c_{5d+1}(\mathcal{V}_d) \end{aligned}$$

이다.

2.3 글로모브-위튼불변량의 공리 (Axioms of Gromov-Witten Invariant)

콘체비치-마닌(Koutsevich-Manin)은 [KM]에서 글로모브-위튼류와 불변량의 여러 가지 성질을 공리(axiom)으로 소개하였다. 이 공리들은 여러 수학자에 의하여 증명되었다. 여기에서 그 공리를 소개하고 다음에 사용하자.

(2.3.1) 글로모브-위튼불변량(Gromov-Witten Invariants)

X를 복소사영대수적버라이어티라 하고,
$g \geq 0$, $n \geq 0$, $n+2g-3 \geq 0$이라고 하자.

(1) 정수루 $\beta \in H_2(X, \mathbb{Z})$에 대하여 글로모브-위튼맵

$$\Phi_{g,\,n,\,\beta} : H^*(X^n, \mathbb{Q}) \longrightarrow H^*(\overline{\mathscr{M}}_{g,\,n}, \mathbb{Q})$$

의 상 $\Phi_{g,\,n,\,\beta}(\alpha_1 \otimes \cdots \otimes \alpha_n)$을 글로모브-위튼류(Gromov-Witten class)라 하고,
만일 $\dim \overline{\mathscr{M}}_{g,\,n} = \deg \Phi_{g,\,n,\,\beta}(\alpha_1 \otimes \cdots \otimes \alpha_n)$이면 맵

$$\begin{aligned} < \Phi_{g,\,n,\,\beta} > (\alpha_1 \otimes \cdots \otimes \alpha_n) &:= \int_{\overline{\mathscr{M}}_{g,\,n}} \Phi_{g,\,n,\,\beta}(\alpha_1 \otimes \cdots \otimes \alpha_n) \\ &= \int_{\overline{\mathscr{M}}_{g,\,n}(X,\,\beta)} e^*(\alpha_1 \otimes \cdots \otimes \alpha_n) \end{aligned}$$

의 적분을 **글로모브-위튼불변량**(Gromov-Witten invariant)이라 정의하였다. 여기서 $e : \overline{\mathscr{M}}_{g,\,n}(X, \beta) \longrightarrow X^n$은 **이벨류에이션맵**(evaluation map)이다.

(2) 글로모브-위튼류는,

$$\Phi_{g,\,n,\,\beta} : H^*(X^n, \mathbb{Q}) \to H^*(\overline{\mathscr{M}}_{g,\,n}, \mathbb{Q}),$$

$$\Phi_{g,\,n,\,\beta}(\alpha_1 \otimes \cdots \otimes \alpha_n)$$

$$= PD\Big[\big\{[\Sigma, \widetilde{p_1}, \cdots, \widetilde{p_n}] \in \overline{\mathscr{M}}_{g,\,n} \mid u : (\Sigma, p_1, \cdots, p_n) \to X$$

는 안정된 맵, Σ는 지너스 g커브, $u(p_i) \in PD(\alpha_i)$ $i = 1, \cdots, n$,

$u_*([\Sigma]) = \beta\big\} \in H_*(\overline{\mathscr{M}}_{g,\,n}, \mathbb{Q})\Big] \in H^*(\overline{\mathscr{M}}_{g,\,n}, \mathbb{Q})$

코호몰로지류이고, 글로모브-위튼불변량은,

$< \Phi_{g,\,n,\,\beta} > : H^*(X^n, \mathbb{Q}) \to \mathbb{Q},$

$< \Phi_{g,\,n,\,\beta} > (\alpha_1 \otimes \cdots \otimes \alpha_n) = \int_{\overline{\mathscr{M}}_{g,\,n}(X,\,\mathbb{Q})} e^*(\alpha_1 \otimes \cdots \otimes \alpha_n) \in \mathbb{Q}$

유리수이다. 여기서 글로모브-위튼류는 $g \geq 0$, $n \geq 0$, $n + 2g \geq 3$의 조건의 필요하고, 글로모브-위튼불변량에는 $n + 2g \geq 3$ 조건이 필요 없다.

(2.3.2) 글로모브-위튼불변량의 공리(Axioms)

(1) 선형성(linearity)

글로모브-위튼류와 불변량

$$\Phi_{g,\,n,\,\beta}(\alpha_1 \otimes \cdots \otimes \alpha_n),\ < \Phi_{g,\,n,\,\beta} > (\alpha_1 \otimes \cdots \otimes \alpha_n)$$

은 각 변수 α_i에서 선형이다.

(2) 유효성(effectiveness)

만일 $\beta \in H_2(X, \mathbb{Z})$가 유효류가 아니면 즉, β를 나타내는 홀로몰픽맵 $u : \Sigma \to X$가 존재하지 않으면, $\Phi_{g,\,n,\,\beta} \equiv 0$이다.

(3) 차수(degree)

만일 $\alpha_1 \otimes \cdots \otimes \alpha_n \in H^*(X^n, \mathbb{Q}) = H^*(X, \mathbb{Q})^{\otimes n}$이면

$\Phi_{g,n,\beta}(\alpha_1 \otimes \cdots \otimes \alpha_n) \in H^*(\overline{\mathcal{M}}_{g,n}, \mathbb{Q})$의 **차수**(degree)는

$$\deg\left[\Phi_{g,n,\beta}(\alpha_1 \otimes \cdots \otimes \alpha_n)\right]$$

$$= \sum_{i=1}^{n} \deg(\alpha_i) - 2\left[(1-g)\dim X + c_i(TX)\beta\right]$$ 이다.

만일 $\deg\left[\Phi_{g,n,\beta}(\alpha_1 \otimes \cdots \otimes \alpha_n)\right] = 2\dim(\overline{\mathcal{M}}_{g,n})$이면

$< \Phi_{g,n,\beta} > (\alpha_1 \otimes \cdots \otimes \alpha_n) = \int_{\overline{\mathcal{M}}_{g,n}(X,\beta)} e^*(\alpha_1 \otimes \cdots \otimes \alpha_n)$이다.

즉 $2 \cdot \dim \overline{\mathcal{M}}_{g,n}(X, \beta) = \sum_{i=1}^{n} \deg(\alpha_i)$

$$= 2\left[(1-g)\dim X + c_1(TX)\beta + (3g-3) + n\right]$$

일 때 글로모브-위튼불변량이 정의된다.

(4) 동치성(equivariance)

대칭군(symmetric group) S_n은 코호몰로지 $(\alpha_1 \otimes \cdots \otimes \alpha_n) \in H^*(X, \mathbb{Q})^{\otimes n}$과 $(\Sigma, p_1, \cdots, p_n) \in \overline{\mathcal{M}}_{g,n}$상에서 순서를 바꾸는 작용을 한다. 맵

$$\Phi_{g,n,\beta} : H^*(X, \mathbb{Q})^{\otimes n} \longrightarrow H^*(\overline{\mathcal{M}}_{g,n}, \mathbb{Q})$$

은 S_n-동치(S_n-equivariance)이다. 즉,

$$\Phi_{g,n,\beta}(\alpha_1 \otimes \cdots \otimes \alpha_n) = (-1)^{\deg \alpha_i \cdot \deg \alpha_{i+1}}$$

$$\Phi_{g,n,\beta}(\alpha_1 \otimes \cdots \otimes \alpha_{i+1} \otimes \alpha_i \otimes \cdots \otimes \alpha_n)$$

이다.

(5) 기본류(fundamental class)

안정성을 보장하기 위하여 $n+2g-4 \geq 0$라 하자.

맵 $\pi_n : \overline{\mathscr{M}}_{g,\,n} \longrightarrow \overline{\mathscr{M}}_{g,\,n-1}$,

$[\Sigma, p_1, \cdots, p_n] \mapsto [\Sigma, p_1, \cdots, p_{n-1}]$은 마지막 마크점(last marked point) p_n을 없애는 맵이다. 기본류 $[X] \in H^0(X, \mathbb{Q})$에 대하여 글로모브-위튼류는

$$\Phi_{g,\,n,\,\beta}(\alpha_1 \otimes \cdots \otimes \alpha_{n-1} \otimes [X]) = \pi_n^* \Phi_{g,\,n-1,\,\beta}(\alpha_1 \otimes \cdots \otimes \alpha_{n-1})$$

이고, 글로모브-위튼불변량은

$$\begin{aligned} &< \Phi_{g,\,n,\,\beta} > (\alpha_1 \otimes \cdots \otimes \alpha_{n-1} \otimes [X]) \\ &= < \Phi_{g,\,n,\,\beta} > (\alpha_1 \otimes \cdots \otimes \alpha_{n-1}) = 0 \end{aligned}$$

이다.

왜냐하면 $\dim(\overline{\mathscr{M}}_{g,\,n}) = \dim(\overline{\mathscr{M}}_{g,\,n-1}) + 1$이기 때문이다.

(6) 디바이저(divisor)

(5)에서와 같이 $n+2g-4 \geq 0$이고, 마지막 마크점을 없애는 맵

$\pi_n : \overline{\mathscr{M}}_{g,\,n} \longrightarrow \overline{\mathscr{M}}_{g,\,n-1}$ 대하여

만일 $\alpha_n \in H^2(X, \mathbb{Q})$이면,

$$\pi_n! \, \Phi_{g,\,n,\,\beta}(\alpha_1 \otimes \cdots \otimes \alpha_n) = \int_\beta \alpha_n \cdot \Phi_{g,\,n-1,\,\beta}(\alpha_1 \otimes \cdots \otimes \alpha_{n-1})$$

이고, 글로모브-위튼불변량은

$$\begin{aligned} &< \Phi_{g,\,n,\,\beta} > (\alpha_1 \otimes \cdots \otimes \alpha_n) \\ &\qquad = \int_\beta \alpha_n \cdot < \Phi_{g,\,n-1,\,\beta} > (\alpha_1 \otimes \cdots \otimes \alpha_{n-1}) \end{aligned}$$

이다.

(7) 점맵(point map)

$\beta = 0 \in H_2(\chi, \mathbb{Z})$이고 $g = 0$일 때, 글로모브-위튼류와 불변량은

$$\Phi_{0,n,0}(\alpha_1 \otimes \cdots \otimes \alpha_n) = \begin{cases} \left[\int_X \alpha_1 \cup \cdots \cup \alpha_n\right]\left[\overline{\mathcal{M}}_{0,n}\right], & 2\dim X = \sum_{i=1}^{n} \deg d_i \\ 0 & , 2\dim X \neq \sum_{i=1}^{n} \deg \alpha_i \end{cases},$$

$$< \Phi_{0,n,0} > (\alpha_1 \otimes \cdots \otimes \alpha_n) = \begin{cases} \int_X \alpha_1 \cup \alpha_2 \cup \alpha_3, & n = 3 \\ 0 & , n \neq 3 \end{cases}$$

이다.

(8) 분리성(splitting)

$g = g_1 + g_2$, $n = n_1 + n_2$, $n_i + 2g_i - 2 \geq 0$, $i = 1,2$라 하자.

맵은 $\phi : \overline{\mathcal{M}}_{g_1, n_1+1} \times \overline{\mathcal{M}}_{g_2, n_2+1} \longrightarrow \overline{\mathcal{M}}_{g,n}$,

$$\phi(\left[\Sigma_1, p_1, \cdots, p_{n_1+1}\right], \left[\Sigma_2, q_1, \cdots, q_{n_2+1}\right] = (\Sigma, p_1, p_{n_1}, q_1, q_{n_2})$$

이다. 여기서 $\Sigma = \Sigma_1 \amalg \Sigma_2$는 p_{n_1+1}과 q_{n_2+1}을 동일시 한 지너스 $g = g_1 + g_2$ 커브이다.

분리성(splitting)은

$$\phi^* \left[\Phi_{g,n,\beta}(\alpha_1 \otimes \cdots \otimes \alpha_n)\right] = \sum_{\beta = \beta_1 + \beta_2} \sum_{i,j} g^{ij} \Phi_{g_1, n_1+1, \beta_1}(\alpha_1 \otimes \cdots \otimes \alpha_n \otimes r_i)\, \Phi_{g_2, n_2+1, \beta_2} (r_j \otimes \alpha_{n_1+1} \otimes \cdots \otimes \alpha_n)$$

이다. 여기서 $\{r_i\}$는 $H^*(X, \mathbb{Q})$의 동차기저(homogeneous basis), $g_{ij} = \int_X r_i \cup r_j$, $(g_{ij})^{-1} = (g^{ij})$ 역행렬이다.

주의 위의 분리에서 $u = u_1 \vee u_2 : \Sigma = \Sigma_1 \vee \Sigma_2 \longrightarrow X$

$$\left[u : (\Sigma, p_1, \cdots, p_{n_1}, q_1, \cdots, q_{n_2}; p_{n+1} = q_{n_2+1}) \longrightarrow X\right]$$

$\in \overline{\mathcal{M}}_{g, n}(X, \beta)$,

$\left[u_1 : (\Sigma_1, p_1, \cdots, p_{n_1}, p_{n_1+1}) \to X\right] \in \overline{\mathcal{M}}_{g_1, n_{1+1}}(X, \beta_1)$,

$\left[u_2 : (\Sigma_2, q_1, \cdots, q_{n_1}, q_{n_1+1}) \to X\right] \in \overline{\mathcal{M}}_{g_2, n_{2+1}}(X, \beta_2)$

이고, $u_*[\Sigma_1] = u_{1*}[\Sigma_1] = \beta_1$, $u_*[\Sigma_2] = u_{2*}[\Sigma_2] = \beta_2$

$u(p_{n_1+1}) = u_1(p_{n_1+1}) = u(q_{q_2+1}) = u_2(q_{q_2+1})$이다.

$u(p_i) \in PD(\alpha_i) = Z_i$, $i = 1, \cdots, n_1$,

$u(q_j) \in PD(\alpha_{n_1+j}) = Z_{n_1+j}$, $j = 1, \cdots, n_2$

이고, $\left(u(p_{n_1+1}), u(q_{n_2+1})\right) \in \Delta \subset X \times X$은 **대각원소**(diagonal element)이다. 또한 $PD(\Delta) = \sum_{ij} g^{ij} r_i \otimes r_j$는 **대각코호몰로지류**(diagonal cohomology class)이다.

(9) 축소성(reduction)

맵 $\psi : \overline{\mathcal{M}}_{g-1, n+2} \longrightarrow \overline{\mathcal{M}}_{g, n}$,

$$\psi[\Sigma, p_1, p_n, p_{n+1}, p_{n+2}] = [\widetilde{\Sigma}, p_1, \cdots, p_n]$$

은 마지막 2개의 마크점 $p_{n+1} = p_{n+2}$을 동일시하면 지너스는 1개 늘고, 마크점은 2개 줄어드는 커브 $[\widetilde{\Sigma}, p_1, \cdots, p_n]$를 대응하는 맵이다.

축소맵은

$$\psi^* \Phi_{g,n,\beta}(\alpha_1 \otimes \cdots \otimes \alpha_n) = \sum_{i,j} g^{ij} \Phi_{g-1,n+2,\beta}(\alpha_1 \otimes \cdots \otimes \alpha_n \otimes r_i \otimes r_j)$$

이다.

여기서 $[u : (\Sigma, p_1, \cdots, p_{n+1}) \to X] \in \overline{\mathcal{M}}_{g-1,n+2}(X, \beta)$이면,

$u_*[\Sigma] = \beta,\ u(p_i) \in PD(\alpha_i) = Z_i,\ i = 1, \cdots, n,$

$(u(p_{n+1}), u(p_{n+2})) \in \Delta \subset X \times X$이며,

대각코호몰로지류는

$PD(\Delta) = \Sigma g^{ij} r_i \otimes r_j$이다. 여기서 $\{r_i\}$는 $H^*(X)$의 동차기저이다.

(10) 변형성(deformation)

$\pi : X \to T$를 스므스 프로퍼맵(smooth proper map)이라 하자. 여기서 T는 열린공간(open space)이고 각 원소 $t \in T$의 역상 $\pi^{-1}(t) = X_t$은 복소사영대수버라이어티이고 $\beta_t \in H_2(X_t, \mathbb{Z})$라 하자.

글로모브-위튼류는

$$\Phi_{g,n,\beta_t} : H^*(X_t, \mathbb{Q})^{\otimes n} \longrightarrow H^*(\overline{\mathcal{M}}_{g,n}, \mathbb{Q})$$

이다. 만일 $t \in T$가 국소적으로 변할 때

$\beta_t \in H_2(X_t, \mathbb{Q}),\ \alpha_1^t \otimes \cdots \otimes \alpha_n^t \in H^*(X_t, \mathbb{Q})^{\otimes n}$이 불변(constant) 이면, 글로모브-위튼류와 불변량

$$\Phi_{g,n\,\beta_t}(\alpha_1^t \otimes \cdots \otimes \alpha_n^t),\ <\Phi_{g,n,\beta_t}>(\alpha_1^t \otimes \cdots \otimes \alpha_n^t)$$

도 **불변**(constant)이다.

이는 $T = \overline{\mathrm{Cm}}(X)$가 X의 **복소모듀라이공간**(complex moduli space) 일 때 글로모브-위튼불변량은 **복소구조변환**(deformation of complex structure)에 불변이다.

2.4 글로모브-위튼불변량의 예와 성질

글로모브-위튼불변량은 글로모브-위튼포텐샬(Gromov-Witten ptential), 퀀텀코몰로지(quantum cohomology), 인스탄톤수(instanton number), 그리고 거울대칭(mirror symmetry) 연구에 중요하다. 본 절에서는 몇 가지 예를 들어 글로모브-위튼불변량 $< \Phi_{g,\,n,\,\beta} > (\alpha_1 \otimes \cdots \otimes \alpha_n)$의 의미를 알아보자. 주로 지너스 $g=0$이고 $n=3$일 때 불변량을 다룬다. 왜냐하면 유카와결합(Yukawa coupling), 작은퀀텀곱(small quntum product), 거울대칭(mirror symmetry)에 사용되기 때문이다.

별 언급이 없으면 $n+2g-3 \geq 0$(안정조건)와 $n \geq 3$(2차 이상 미분)을 가정하자.

(2.4.1) 정리(Kontsevich, Manin)

X가 복소사영버라이어티이고, 코호몰로지 $H^*(X,\,\mathbb{Q})$가 $H^2(X,\,\mathbb{Q})$로 생성되면, 모든 글로모브-위튼불변량

$< \Phi_{0,\,n,\,\beta} > (\alpha_1 \otimes \cdots \otimes \alpha_n)$은 불변량

$$\{< \Phi_{0,\,3,\,\beta} > (\alpha_1 \otimes \alpha_2 \otimes \alpha_3) \mid \beta \in H_2(X,\,\mathbb{Z}),\ \deg \alpha_3 = 2,$$
$$\dim X - c_1(TX)\beta + 1 \geq 0\}$$

에 의하여 구할 수 있다.

증명 증명은 글로모브-위튼류의 분리성(splitting)과 수학적 귀납법을 사용한다. 분리맵(splitting map) (8)

$$\phi : \overline{\mathcal{M}}_{0,\,n_1+1} \times \overline{\mathcal{M}}_{0,\,n_2+1} \longrightarrow \overline{\mathcal{M}}_{0,\,n_1+n_2}$$

의 상 $\mathrm{im}(\phi)$은 $\overline{\mathcal{M}}_{0,\, n_1+n_2}$의 디바이저(divisor)이다. 왜냐하면

$$\begin{aligned}&\dim \overline{\mathcal{M}}_{0,\, n_1+1} + \dim \overline{\mathcal{M}}_{0,\, n_2+1}\\&= (n_1+1) - 3 + (n_2+1) - 3 = (n_1+n_2) - 4\\&= \dim \overline{\mathcal{M}}_{0,\, n_1+n_2} - 1\end{aligned}$$

이기 때문이다.

킬정리(Keel theorem)에 의하면 코호몰로지환 $H^*(\overline{\mathcal{M}}_{0,\, n},\ \mathbb{Q})$는 이런 **디바이저류**(divisor class)에 의하여 생성된다.

만일 $\deg\,[\Phi_{0,\, n,\, \beta}(\alpha_1 \otimes \cdots \otimes \alpha_n)] = n-3 = \dim \overline{\mathcal{M}}_{0,\, n}$이면

$$\Phi_{0,\, n,\, \beta}(\alpha_1 \otimes \cdots \otimes \alpha_n) = <\Phi_{0,\, n,\, \beta}> (\alpha_1 \otimes \cdots \otimes \alpha_n)\ [\mathrm{pt}]$$

이다.

만일 $\deg\,[\Phi_{0,\, n,\, \beta}(\alpha_1 \otimes \cdots \otimes \alpha_n)] \neq n-3$이면 불변류의 분리성에 의하여,

$$\Phi_{0,\, n,\, \beta}(\alpha_1 \otimes \cdots \otimes \alpha_n) = \sum_{\beta=\beta_1+\beta_2} \sum_{i,\, j} g^{ij}.$$

$$\Phi_{0,\, n_1+1,\, \beta_1}(\alpha_1 \otimes \cdots \otimes \alpha_{n_1} \otimes r_i) \cdot \Phi_{0,\, n_2+1,\, \beta_2}(r_j \otimes \alpha_{n_1+1} \otimes \cdots \otimes \alpha_n),$$

$n = n_1 + n_2$이 됨으로, $n(> n_1,\ n_2)$보다 작은 글로모브-위튼류에 의하여 정해진다.

또한, 만일 $\sum_{i=1}^{n} \deg\,(\alpha_1) \neq 2 \cdot \dim \overline{\mathcal{M}}_{0,\, n}$이면, 글로모브-위튼불변량은 $<\Phi_{0,\, n,\, \beta}> (\alpha_1 \otimes \cdots \otimes \alpha_n) = 0$이다.

따라서 분리성(splitting) 공리(8)를 계속 사용하면 정리가 증명된다. ■

(2.4.2) 복소사영평면의 불변량

복소사영평면(complex projective plane) $\mathbb{P}^2$상에 l을 라인(line)이라 하고 $\beta = dl \in H_2(\mathbb{P}^2, \mathbb{Z}) = \langle l \rangle = \mathbb{Z}$라 하자.

(1) 글로모브-위튼불변량 $<\Phi_{0,3,1}>((\mathrm{pt}_1)\otimes(\mathrm{pt}_2)\otimes(l))$을 계산하자.

$\deg([\mathrm{pt}_1]\otimes[\mathrm{pt}_2]\otimes[l]) = \dim(\overline{\mathcal{M}}_{0n,3}(\mathbb{P}^2, l)) = 10$이고

$\left[u : (\mathbb{P}^1, p_1, p_2, p_3) \to \mathbb{P}^2\right] \in \overline{\mathcal{M}}_{0,3}(\mathbb{P}^2, l)$이면

$(p_1) = \mathrm{pt}_1,\ u(p_2) = \mathrm{pt}_2,\ u(p_3) \in l$이다.

두 점 $\mathrm{pt}_1, \mathrm{pt}_2 \in l \subset \mathbb{P}^2$을 지나는 홀로몰픽 라인은 $\mathbb{P}^2$에서 유일하고 $l \cap u(\mathbb{P}^1) = u(p_3)$이므로 글로모브-위튼불변량은

$<\Phi_{0,3,l}>([\mathrm{pt}_1]\otimes[\mathrm{pt}_2]\otimes[l]) = 1$이다.

같은 계산에 의하여 $<\Phi_{0,2,l}>([\mathrm{pt}_1]\otimes[\mathrm{pt}_2]) = 1$이다.

(2) 불변량 $<\Phi_{0,n,d[l]}>(\alpha_1\otimes\cdots\otimes\alpha_n)$을 계산하자.

$d \geq 1$, α_i를 $[\mathbb{P}^2]$, $[l]$혹은 $[\mathrm{pt}]$라 하자.

코호몰로지류 $d[l] \in H_2(\mathbb{P}^2, \mathbb{Z}) = <[l]> = \mathbb{Z}$를 $d[l] = d$라 쓰고, $n \geq 4$라 하자. 여기서 호몰로지류 $d[l] = dl$과 숫자 d을 혼용하고 있다. 문맥에 따라서 이해하자. 점 $[\mathrm{pt}] \in H_0(\mathbb{P}^2, \mathbb{Z}) \simeq H^4(\mathbb{P}^2, \mathbb{Z})$도 호몰로지류와 코호몰로지류로 문맥에 따라 이해하자.

만일 $\alpha_1 = [\mathbb{P}^2]$가 기본류이면 공리(5)에 의하여

$$<\Phi_{0,n,d}>(\alpha_1\otimes\cdots\otimes\alpha_n) = 0$$

이고, 만일 $\alpha_n = [l]$이면 디바이저 공리(6)에 의하여

$$<\Phi_{0,n,d}>(\alpha_1\otimes\cdots\otimes\alpha_n) = d \cdot <\Phi_{0,n-1,d}>(\alpha_1\otimes\cdots\otimes\alpha_{n-1})$$

이다. 따라서 $< \Phi_{0,\, n,\, d} > ([\mathrm{pt}_1] \otimes \cdots \otimes [\mathrm{pt}_n])$만 구하면 된다.

$$\dim \overline{\mathcal{M}}_{0,\, n}(\mathbb{P}^2,\, d) = 2c_1(T\mathbb{P}^2)dl + 2 \cdot \dim \mathbb{P}^2 - 6 + 2n$$
$$= 6d + 4 - 6 + 2n = 6d - 2 + 2n,$$

$$\sum_{i=1}^{n} \deg\, [\mathrm{pt}_i] = 4n$$

이므로, $n \neq 3d-1$이면 불변량은 0이다. 따라서

$$N_d := < \Phi_{0,\, 3d-1,\, d} > ([\mathrm{pt}_1] \otimes \cdots \otimes [\mathrm{pt}_{3d-1}]) = (3d-1)$$

점을 통과하는 호몰로지류 dl을 나타내는 유리커브(rational curve)의 갯수이다.

글로모브-위튼불변량 N_d는 WDVV-방정식과 분리성(8)을 이용하면 **반복공식**(recursive formula) (2.2.3)

$$N_d = \sum_{\substack{d = d_1 + d_2 \\ d_1,\, d2 > 0}} N_{d_1} N_{d_2} \left[d_1^2 d_2^2 \binom{3d-4}{3d_1-2} - d_1^3 d_2 \binom{3d-4}{3d_1-1} \right]$$

을 얻는다.

(2.4.3) 칼라비-야우 3-폴드의 불변량

X를 칼라비-야우 3-폴드라 하고, $\beta \neq 0 \in H_2(X,\, \mathbb{Z})$라 하자.

$\dim \overline{\mathcal{M}}_{0,\, 0}(X,\, \beta) = 0$이고,

불변량을 $N_\beta := < \Phi_{0,\, 0,\, \beta} > = \left| \overline{\mathcal{M}}_{0,\, 0}(X,\, \beta) \right|$라 두자.

(1) **정리** 글로모브-위튼불변량 $< \Phi_{0,\, n,\, \beta} > (\alpha_1 \otimes \cdots \otimes \alpha_n)$은 N_β와 X상의 교차수(intersection number)에 의하여 정해진다.

증명 글르모브-위튼 모듀라이공간의 차원은

$$2 \cdot \dim \overline{\mathscr{M}}_{0,\,n}(X,\,\beta) = 2\left[c_1(TX)\beta + \dim X + (-3) + n\right] = 2n$$

이므로 $\sum_{i=1}^{n} \deg(\alpha_i) = 2n$이다.

(i) 만일 $\deg \alpha_i < 2$이면, $\alpha_1 = [X]$는 기본류다.

기본류공리(5)에 의하여 불변량은

$< \Phi_{0,\,n,\,\beta} > (\alpha_1 \otimes \cdots \otimes [X] \otimes \cdots \otimes \alpha_n) = 0$이다.

(ii) 만일 $\deg \alpha_i > 2$이면, (1)과 같은 이유로 불변량은 0이다.

(iii) 만일 모든 i에 대하여 $\deg(\alpha_i) = 2$이면 디바이저공리(6)에 의하여 불변량은

$$< \Phi_{0,\,n,\,\beta} > (\alpha_1 \otimes \cdots \otimes \alpha_n) = < \Phi_0,\, 0,\, \beta > \cdot \int_\beta \alpha_1 \cdots \int_\beta \alpha_n$$

$$= N_\beta \cdot \int_\beta \alpha_1 \cdots \int_\beta \alpha_n$$ 이다.

(iv) 만일 $\beta = 0$이면 불변량은, 점맵공리(7)에 의하여,

$$< \Phi_{0,\,n,\,0} > (\alpha_1 \otimes \cdots \otimes \alpha_n) = \begin{cases} \int_X \alpha_1 \cup \alpha_2 \cup \alpha_3\ , & n = 3 \\ 0\ , & n \neq 3 \end{cases}$$

이다. ■

(2) $X \subset \mathbb{P}^4$를 퀸틱3-폴드(quintic threefold), $l \subset X$을 라인, $d[l] := d \in H_2(X,\,\mathbb{Z}) \simeq H^4(X,\,\mathbb{Z})$, $H \subset X$을 초곡면(hypersurface), $H \in H_4(X,\,\mathbb{Z}) \simeq H^2(X,\,\mathbb{Z})$)라 하자. 정리 (1)에 의하여, 0이 아닌 불변량은

$$< \Phi_{0,\,3,\,0} > (\alpha_1 \otimes \alpha_2 \otimes [X]) = \int_X \alpha_1 \cup \alpha_2,$$

$$<\Phi_{0,\,n,\,d}>(H\otimes H\otimes\cdots\otimes H)=<\Phi_{0,\,0,\,d}>\cdot\left(\int_{dl}H\right)^n=N_d\cdot d^n$$

이다. 여기서 $N_d=<\Phi_{0,\,0,\,d}>$이다.

특히, $<\Phi_{0,\,3,\,0}>(H\otimes H\otimes H)=\int_X H^3=5$이다.

(2.2.3)에서 랭크(rank) $(5d+1)$-번들

$$\mathbb{C}^{5d+1}\longrightarrow\mathcal{V}_d\longrightarrow\overline{\mathscr{M}}_{0,\,0}(\mathbb{P}^4,\,d)$$

의 오일러지표(Euler index)가 불변량과 같음을 보였다. 즉,

$$N_d=<\Phi_{0,\,0,\,d}>=\left|\overline{\mathscr{M}}_{0,\,0}(X,\,d)\right|=\int_{\overline{\mathscr{M}}_{0,\,0}(\mathbb{P}^4,\,d)}c_{5d+1}(\mathcal{V}_d).$$

주의 거울대칭(mirror symmetry)을 이용하여 $d\le 10$일 때까지 N_d를 구했지만 일반 d에 대해서는 아직 미해결문제이다. 또한 N_d가 유리수인지, 대수적 미해결 문제가 많다.

(3) X를 퀸틱3-폴드, 호몰로지류 $d=dl\in H_2(X,\,\mathbb{Z})$에서 $d=k\cdot\dfrac{d}{k}$로 정수분해됐다고 하자. 또한 dl-커브

$u:\Sigma\to X$가 (k-커브 $u_2:\Sigma\to\Sigma$)와 ($\dfrac{d}{k}l$-커브 $u_1:\Sigma\to X$)의 합성, $u=u_1\circ u_2$

이라 하면 **중복도**(multiplicity), k-커브 u_2는 N_d에 k^{-3}만큼 영향을 미친다. 또한 $\dfrac{d}{k}l$-커브 $u_1:\Sigma\to X$의 수는 $n_{\frac{d}{k}}$이므로

$N_d=\sum_{k/d}n_{\frac{d}{k}}\cdot k^{-3}$이다.

$dl = k \cdot \frac{d}{k} l$의 글로모브-위튼불변량은

$$< \Phi_{0,\,3,\,dl} > (H \otimes H \otimes H) = < \Phi_{0,\,0,\,dl} > \int_{dl} H \cdot \int_{dl} H \cdot \int_{dl} H$$
$$= N_d \cdot k^3 \int_{\frac{d}{k}l} H \cdot \int_{\frac{d}{k}l} H \cdot \int_{\frac{d}{k}l} H$$
$$= \sum_{k/d} n_{\frac{d}{k}} k^{-3} \cdot k^3 \cdot \left(\frac{d}{k}\right)^3$$
$$= \sum_{k/d} n_{\frac{d}{k}} \left(\frac{d}{k}\right)^3 = \sum_{k/d} n_k k^3$$

이다.

k중복도 나타내는 $n_{\frac{d}{k}}$를 **인스탄톤수**(instanton number)라 한다.

다시 말하면, $\beta = kr \in H_2(X, \mathbb{Z})$이면

$$N_\beta = < \Phi_{0,\,0,\,\beta} > = \sum_{\beta = kr} < \Phi_{0,\,0,\,kr} > = \sum_{\beta = k = r} < \Phi_{0,\,0,\,r} > k^{-3}$$
$$= \sum_{\beta = kr} n_r \cdot k^{-3}$$

이다.

(4) X를 퀸틱3-폴드, $l \subset X$라인, $H \subset X$ 초곡면이라 하면

$H_2(X, \mathbb{Z}) = \mathbb{Z} = \{dl \mid d \in \mathbb{Z}\} = \{d \mid d \in \mathbb{Z}\}$,

$H^2(X, \mathbb{Z}) = \mathbb{Z} = < H > = \{dH \mid d \in \mathbb{Z}\}$, $\int_l H = 1$이다.

여기서 호몰로지와 코호몰로지를 혼용하였다. 문맥상으로 이해하자. 거울대칭에서 나오지만 글로모브-위튼불변량이 사용되어 A-모델상관함수를 소개하자.

A-**모델상관함수**(A-model correlation function)의 정의는

$$< H, H, H > = \sum_{d=0}^{\infty} < \Phi_{0,\,3,\,d} > (H \otimes H \otimes H) q^d$$

$$= < \Phi_{0,\,3,\,0} > (H \otimes H \otimes H) + \sum_{k=1}^{\infty} < \Phi_{0,\,3,\,d} > (H \otimes H \otimes H) q^d$$

$$= 5 + \sum_{d=1}^{\infty} \left(\sum_{k/d} n_k \cdot k^3 \right) q^d$$

$$= 5 + \sum_{d=1}^{\infty} n_d \cdot d^3 \frac{q^d}{1-q^d} \text{ 이다.}$$

여기서 $< \Phi_{0,\,3,\,d} > (H \otimes H \otimes H) = \sum_{k/d} n_k k^3$ 이고

$$q^d = e^{2\pi i \int_{dl} \omega},$$

ω는 X의 복소켈러류(complexified Kähler-class)다.

X상에서 A-모델상관함수와 거울공간 X^0상에서 B-모델상관함수가 같음을 보이는 것이 거울대칭(mirror symmetry)의 주요 결과 중 하나이다.

Chapter 03 퀀텀코호몰로지 (Quantum Cohomology)

글로모브-위튼불변량 $<\Phi_{0,\,n,\,\beta}>$을 2장에서 정의하였다.
$n=3$인 경우 불변량 $<\Phi_{0,\,3,\,\beta}>$을 이용하여 **작은퀀텀곱**(small quantum product) $*_s$를 정의하여 **작은퀀텀코호몰로지환**(small quantum cohomology ring) 구성하고, 모든 n의 불변량을 이용하여 **글로모브-위튼포텐샬**(Gromov-Witten potential)을 정의하고 이를 이용하여 **큰퀀텀곱**(big quantum product) $*_b$과 **큰퀀텀코호몰로지환**(big quantum cohomology ring)를 구성한다. 특히, 퀀텀코호몰로지의 결합법칙(associativity), 포텐샬의 WDVV-방정식, 그리고 글로모브-위튼콘넥션(connection)이 프랫(flat)임이 동치임은 흥미로운 현상이다.
칼라비-야우다양체들의 범주(category)에는 $N=2$ 초닮음장 모듀라이공간(superconformal field moduli space)이 있고 그 내에 켈러모듀라이와 복소모듀라이 사이에 거울대칭(mirror symmetry)성이 있다.
글로모브-위튼포텐샬은 주어진 칼라비-야우다양체의 켈러모듀라이공간(Kähler moduli space)에서 켈러구조의 변형함으로서 호지구조의 변형(variation of Hodge structure)이 생성되며, 그의 거울공간(mirror space)의 복소모듀라이공간(complex moduli space)이 거울맵(mirror map)에 의하여 동치임을 보이는 것이 우리의 목표 중 하나이다. 특수한 경우, 퀸틱3-폴드는 거울정리(mirror theorem)으로 풀렸지만 일반 칼라비-야우다양체에서 거울대칭정리는 더 연구해야 할 문제이다.

3.1 작은퀀텀코호몰로지 (Small Quantum Cohomology)

(X, ω)를 복소사영버라이어티라 하자. 여기서

$\omega \in H^2(X, \mathbb{C})$는 복소켈러류(complexified Kähler class), 허수부분 $\operatorname{Im}\omega \in H^2(X, \mathbb{R})$은 켈러(Kähler)이다.

$\{r_0 = 1, r_1, \cdots, r_m\}$을 $H^*(X, \mathbb{Q})$의 동차기저(homogeneous basis)라 하고, $g_{ij} = \int_X r_i \cup r_j$, 행렬$(g_{ij})$의 역행렬을 $(g^{ij}) = (g_{ij})^{-1}$라 하자.

(3.1.1) 작은퀀텀곱(Small Quantum Product)

코호몰로지 원소 $a, b \in H^*(X, \mathbb{C})$에 대하여 작은퀀텀곱(small quantum product) $*_s$을

$$a *_s b := \sum_{i, j} \sum_{\beta \in H_2(X, \mathbb{Z})} < \Phi_{0, 3, \beta} > (a \otimes b \otimes r_i)\ g^{ij} r_j q^{\beta},$$

$q^{\beta} = e^{2\pi i \int_{\beta} \omega}$로 정의하고, $a *_s b$를 a와 b의 **작은퀀텀곱**(small quantum product)이라 한다.

주의 (1) 작은퀀텀곱 $*_s$은 켈러류 ω, q^{β}에 의존하지만 복소구조에는 독립이다.

(2) $a *_s b$의 정의에서 합의 수렴성이 문제이다. 그러나 특수한 경우, 예를 들면 X가 **파노**(Fano)이면 수렴하고, 코호몰로지의 계수를 조정함(예, **노비코프환**(Novikov ring))으로서 수렴성이 보장된다.

(3) 각 i에 대하여 $r^i = \sum_j g^{ij} r_j$라고 하면 $\{r^0, \cdots, r^m\}$도 $H^*(X, \mathbb{C})$의 기저이고, 각 i, j에 대하여 $\int_X r^i \cup r_j = \delta_{ij}$이므로 $\{r^0, \cdots, r^m\}$과 $\{r_0, \cdots, r_m\}$은 서로 **쌍대기저**(dual basis)이다.
따라서 $a * _s b = \sum_i \sum_\beta < \Phi_{0,\,3,\,\beta} > (a \otimes b \otimes r_i) r^i q^\beta$가 된다.

(4) 불변량의 선형성(linearity)에 의하여

$$a *_s (b+c) = a *_s b + a *_s c,\ a,\ b,\ c \in H^*(X, \mathbb{C})$$

이고, $\deg(a) + \deg(b) + \deg(r_i) \neq 2\dim X + 2c_1(TX)\beta$이면 불변량 $< \Phi_{0,\,3,\,\beta} > (a \otimes b \otimes r_i) = 0$이다.

(3.1.2) 추측(Conjecture)

만일 X가 칼라비-야우 3폴드이고 켈라류 ω의 허수부분 $\mathrm{Im}(\omega)$이 충분히 크면 $a *_s b$의 합이 수렴한다고 **추측**(conjecture)한다.
근거는 $\omega = \mathrm{Real}(\omega) + i\mathrm{Im}(\omega)$라 하면, q^β는

$$\left[q^\beta = e^{2\pi i \int_\beta \omega} = e^{2\pi i \int_\beta \mathrm{Real}(\omega)} \cdot e^{-2\pi \int_\beta \mathrm{Im}(\omega)} \rightarrow 0 \quad \text{만일 } \mathrm{Im}(\omega) \rightarrow \infty \text{ 이면} \right]$$

이기 때문이다.
학자들은 추측을 믿고 있다.

(3.1.3) 작은퀀텀코호몰로지(Small Quantum Cohomology)

작은퀀텀곱 $*_s$에 대하여, $(QH^*(X, \mathbb{C}), *_s)$는 초교환환

(supercommutative ring)이며 $r_0 = 1$이 항등원이다.

작은 퀀텀곱을 갖은 퀀텀군 $(QH^*(X, \mathbb{C}), +, *_s)$를 **작은퀀텀코호몰로지환**(small quantum cohomology ring)이라 한다.

증명 각 원소 $a, b \in H^*(X, \mathbb{C})$에 대하여 동치성(4)에 의하여,

$$a *_s b = \sum_i \sum_\beta < \Phi_{0,3,\beta} > (a \otimes b \otimes r_i) r^i q^\beta$$
$$= (-1)^{\deg a \cdot \deg b} \sum_i \sum_\beta < \Phi_{0,3,\beta} > (b \otimes a \otimes r_i) r^i q^\beta$$
$$= (-1)^{\deg a \cdot \deg b} b *_s a$$

이므로 $*_s$는 초교환이다.

불변량의 동치성(4)와 기본류 $r_0 = 1 = [X] \in H^0(X, \mathbb{C})$에 의하여

만일 $\beta \neq 0$이면

$< \Phi_{0,3,\beta} > (a \otimes r_0 \otimes r_i) = 0$이고

$$a *_s r_0 = \sum_i < \Phi_{0,3,0} > (a \otimes r_0 \otimes r_i) r^i$$
$$= \sum_i \int_X (a \cup r_0 \cup r_i) r^i$$
$$= a \cup r_0 = a$$

이므로 r_0는 $*_s$에 대하여 항등원이다.

불변량의 분리성(8)을 이용하여 $*_s$의 결합법칙을 증명하자.

$a, b, c \in H^*(X, \mathbb{C})$를 동차 코호몰로지류라 하자.

작은퀀텀곱 $*_s$의 정의에 따라 전개하자:

$$(a *_s b) *_s c = \sum_\beta \sum_{t,u} \Big[\sum_{\beta = \beta_1 + \beta_2} \sum_{r,s} g^{rs} < \Phi_{0,3,\beta_1} > (a \otimes b \otimes r_r) \cdot$$
$$< \Phi_{0,3,\beta_2} > (r_s \otimes c \otimes r_t) \Big] g^{tu} r_u q^\beta$$

이다.

분리맵 $\phi : \overline{\mathcal{M}}_{0,3} \times \overline{\mathcal{M}}_{0,3} \longrightarrow \overline{\mathcal{M}}_{0,4} (\simeq S^2)$과

$$\Phi_{0,4,\beta}(a \otimes b \otimes c \otimes r_t) \in H^0(\overline{\mathcal{M}}_{0,4})\text{에 대하여,}$$

$$\phi^* \Phi_{0,4,\beta}(a \otimes b \otimes c \otimes r_t) = \left[\sum_{\beta = \beta_1 + \beta_2} \sum_{r,s} g^{rs} \cdot < \Phi_{0,3,\beta_1} > (a \otimes b \otimes r_r) \cdot < \Phi_{0,3,\beta_2} > (r_s \otimes c \otimes r_t) \right] \text{이다.}$$

$$a *_s (b *_s c) = \sum_\beta \sum_{t,u} \left[\sum_{\beta = n\beta_1 + \beta_2} \sum_{r,s} g^{rs} < \Phi_{0,3,\beta_1} > (b \otimes c \otimes r_r) \cdot < \Phi_{0,3,\beta_2} > (a \otimes r_s \otimes r_t) \right] g^{tu} r_u q^\beta \text{이다.}$$

불변량의 동치성(4)에 의하여

$$< \Phi_{0,3,\beta_2} > (a \otimes r_s \otimes r_t) = (-1)^{\deg a \cdot \deg r_s} \cdot < \Phi_{0,3,\beta_2} > (r_s \otimes a \otimes r_t)$$

이다. 불변량의 차수성(3)에 의하여

$$\deg a + \deg r_s + \deg r_t = 2 \dim X + 2c_1(TX)\beta_2 = 0 (\bmod 2)$$

따라서

$$< \Phi_{0,3,\beta_2} > (a \otimes r_s \otimes r_t) = (-1)^{\deg a (\deg a + \deg r_t)} \cdot < \Phi_{0,3,\beta_2} > (r_s \otimes a \otimes r_t)$$

이다.

또한 $a *_s (b *_s c)$의 전개는

$$[\ \cdots\ ] = (-1)^{\deg a (\deg a + \deg r_t)} \phi^* \Phi_{0,4,\beta}(b \otimes c \otimes a \otimes r_t)$$

이고, $(a *_s b) *_s c$의 전개는

$$[\cdots] = \phi^* \Phi_{0,4,\beta}(a \otimes b \otimes c \otimes r_t)$$

이다.

불변량의 정의에서

$$\deg a + \deg b + \deg c + \deg r_t = \dim \overline{\mathcal{M}}_{0,4}(X, \beta) \equiv 0 \ (\mathrm{mod} 2)$$

이므로, $\deg a + \deg r_t \equiv \deg b + \deg c \ (\mathrm{mod} 2)$이고,

$$\begin{aligned}
&(-1)^{\deg a(\deg a + \deg r_t)} \phi^* \Phi_{0,4,\beta}(b \otimes c \otimes a \otimes r_t) \\
&= (-1)^{\deg a(\deg b + \deg c)} \phi^* \Phi_{0,4,\beta}(b \otimes c \otimes a \otimes r_t) \\
&= \phi^* \Phi_{0,4,\beta}(a \otimes b \otimes c \otimes r_t)
\end{aligned}$$

이다.

따라서 $(a *_s b) *_s c = a *_s (b *_s c)$이다. ■

(3.1.4) 복소사영공간의 작은퀀텀코호몰로지

(1) 2-차원 코호몰로지류 $h \in H^2(\mathbb{P}^n, \mathbb{Z})$을 초공간류(hypersurface class)라 하면, $\{1, h, h^2, \cdots, h^n\}$은 $H^*(\mathbb{P}^n, \mathbb{Z})$의 기저이다. 작은 퀀텀곱은

$$h^i *_s h^j = \begin{cases} h^{i+j}, & i+j \le n \\ qh^{i+j-n-1}, & i+j > n \end{cases}$$

이다. 여기서 $q = e^{2\pi i \int_l \omega}$, $l \subset \mathbb{P}^n$은 라인이다.

증명 호몰로지류 $dl := d \in H_2(\mathbb{P}^n, \mathbb{Z})$에 대하여 만일

$$i + j + k \neq \dim \mathcal{M}_{0,3}(\mathbb{P}^n, d) = n + d(n+1)$$

이면 글로모브-위튼불변량은 $<\Phi_{0,3,d}>(h^i \otimes h^j \otimes h^k)=0$이다.

만일 $i+j \le n$이면 $i, j, k \le n$이므로 $d=0$이고,

$h^i *_s h^j = h^i \cup h^j = h^{i+j}$이다.

$h *_s h^n = qh^0$임을 보이자.

불변량$\neq 0$이면, $i+j+k=n+d(n+1)$, $d=1$이므로 $k=n$이다.

따라서 $h *_s h^n = <\Phi_{0,3,1}>(h \otimes h^n \otimes h^n)h^0 q$이고

$<\Phi_{0,3,1}>(h \otimes h^n \otimes h^n) = <\Phi_{0,3,l}>([H] \otimes [\mathrm{pt}] \otimes [\mathrm{pt}]) = 1$이다.

여기서 H는 초곡면, $\mathrm{pt} \in \mathbb{P}^n$은 점, $[H]=h$, $[\mathrm{pt}]=h^n$이다.

따라서 $h *_s h^n = qh^0 := q$이다. ■

(2) 작은퀀텀코호몰로지환은

$$QH^*(\mathbb{P}^n, \mathbb{C}), *_s) = \frac{\mathbb{C}[h, q]}{<h^{n+1}-q>}$$

이고, $q=0$이면 코호몰로지환은 $(H^*(\mathbb{P}^n, \mathbb{C}), \cup) = \dfrac{\mathbb{C}[h]}{<h^{n+1}>}$

이다.

만일 켈러류 ω의 복소부분 $\mathrm{lm}\ \omega \to \infty$이면 $q = e^{2\pi i \int_l \omega} \to 0$이고 작은퀀텀곱은 $*_s \to \cup$ 이다.

따라서 $\lim_{\mathrm{lm}\omega \to \infty} (QH^*(\mathbb{P}^n, \mathbb{C}), *_s) = (H^*(\mathbb{P}^n, \mathbb{C}), \cup)$은 코호몰로지환이 된다.

(3.1.5) 결합법칙(Associativity)

X를 복소사영버라이어티라 하고

$g : H^*(X, \mathbb{C}) \times H^*(X, \mathbb{C}) \longrightarrow \mathbb{C},\ g(a, b) := \int_X a \cup b$라 하자.

(1) $g(a *_s b, c) = g(g, b *_s c)$

$$= \sum_{\beta \in H_2(\chi, \mathbb{Z})} < \Phi_{0, 3, \beta} > (a \otimes b \otimes c) q^\beta.$$

(2) $\int_X a *_s b = g(a, b)$.

증명 (1) $\{r_i\}$를 $H^*(X, \mathbb{C})$의 동차기저라 하자.

$$\begin{aligned} g(r_i *_s r_j, r_k) &= \sum_l \sum_\beta < \Phi_{0, 3, \beta} > (r_i \otimes r_j \otimes r_l) \cdot \int_X r^l \cup r_k \cdot q^\beta \\ &= \sum_\beta < \Phi_{0, 3, \beta} > (r_i \otimes r_j \otimes r_k) q^\beta \\ &= (-1)^{\deg r_i (\deg r_j + \deg r_k)} \sum_\beta < \Phi_{0, 3, \beta} > (r_j \otimes r_k \otimes r_i) q^\beta \\ &= (-1)^{\deg r_i (\deg r_j + \deg r_k)} g(r_j *_s r_k, r_i) \\ &= g(r_i, r_i *_s r_k). \end{aligned}$$

여기서 $\int_X r^l \cup r_k = \delta_{l, k}$과 불변량의 동치성(4)이 사용되었다.

(2) $\int_X a *_s b = \int_X r_0 \cup (a *_s b) = g(r_0, a *_s b)$

$$= g(r_0 *_s a, b) = g(a, b). \blacksquare$$

(3.1.6) A-모델상관함수(A-model Correlation Function)

코호몰로지류 $a, b, c \in H^*(X, \mathbb{C})$에 대하여

3-점함수(three-point function)

$$< a, b, c > := \sum_{\beta \in H_2(X, \mathbb{Z})} < \Phi_{0, 3, \beta} > (a \otimes b \otimes c) q^\beta$$

를 A-**모델상관함수**(A-model correlation function)이라 한다.

주의 $a, b, c \in H^*(X, \mathbb{C})$에 대하여

(1) $a *_s b = \sum_i \sum_\beta < \Phi_{0,3,\beta} > (a \otimes b \otimes r_i) q^\beta r^i = \sum_i < a, b, r_i > r^i$

이다.

(2) $g(a *_s b, c) = < a, b, c >$, $c \in H^*(X, \mathbb{C})$이므로 작은퀀텀곱 $*_s$는 3-점함수에 의하여 정해지고 작은퀀텀고호몰로지 $(QH^*(X, \mathbb{C}), *_s)$은 3-점함수에 의하여 결정된다.

(3.1.7) 정리

X의 n-차원 칼라비-야우다양체라 하자.

(1) $\deg(a *_s b) = \deg a + \deg b$.

(2) $a \in H^{p,q}(X)$, $b \in H^{r,s}(X)$이면 $a *_s b \in H^{p+r, q+s}(X)$.

증명 X가 칼라비-야우이므로 $c_1(TX) = 0$이다.

(1) $a *_s b = \sum_i < a, b, r_i > r^i$이므로

$\deg(a *_s b) = \deg(r^i) = 2n - \deg r_i$

만일 $< a, b, r_i > \neq 0$이면 $\deg a + \deg b + \deg r_i = 2 \dim X = 2n$이다. 따라서 $\deg(a *_s b) = 2n - \deg r_i = \deg a + \deg b$이다.

(2) 만일 $c \notin H^{n-p-r, n-q-s}(X)$이면, (3.1.5)의 (1)에 의하여

$< \Phi_{0,3,\beta} > (a \otimes b \otimes c) = 0$이고

$< \Phi_{0,3,0} > (a \otimes b \otimes c) = \int_X a \cup b \cup c = 0$이다.

따라서 $a \times_s b \in H^{p+r,\, q+s}(X)$이다. ■

(3.1.8) 칼라비-야우 3-폴드의 작은퀀텀곱(Small Quantum Product)

(X, ω)를 콤팩트 칼라비-야우 3-폴드라 하자.

각 원소 $\beta \in H_2(X, \mathbb{Z})$에 대하여, $\dim \overline{\mathcal{M}}_{0,\,3}(X, \beta) = 3$이고 만일 $\beta = 0$이면 $\dim \overline{\mathcal{M}}_{0,\,3}(X, 0) = X$이다.

(1) 만일 $\deg \alpha_i \neq 0,\ i = 1, 2, 3$이면,

$$< \Phi_{0,\,3,\,\beta} > (\alpha_1 \otimes \alpha_2 \otimes \alpha_3) = 0$$

(2) 만일 $\deg a \neq 2$ 또는 $\deg b \neq 2$이면 $a *_s b = a \cup b$이다.

$H \subset X$를 **초곡면**(hypersurface)이라 하면,

$H \in H_4(X, \mathbb{Z})$이고 $h := PD(H) \in H^2(X, \mathbb{Z})$이며,

$H^2(X, \mathbb{C}) = H^{1,\,1}(X) = \mathbb{C} = < h >$이다.

(정리 3.1.7)에 의하여 $h *_s h \in H^4(X, \mathbb{C})$이고 $\int_X h^3 = 5$이다.

따라서

$$\begin{aligned} h *_s h &= \sum_i \sum_\beta < \Phi_{0,\,3,\,\beta} > (h \otimes h \otimes r_i) r^i q^\beta \\ &= \sum_{d=0}^{\infty} < \Phi_{0,\,3,\,d} > (h \otimes h \otimes h) \cdot \frac{h^2}{5} \cdot q^d \\ &= \frac{1}{5} \sum_{d=0}^{\infty} < \Phi_{0,\,3,\,d} > (h \otimes h \otimes h) q^d h^2 \end{aligned}$$

이고, 3-점함수는

$$< h, h, h > = \sum_{d=0}^{\infty} < \Phi_{0,\,3,\,d} > (h \otimes h \otimes h) q^d$$

이므로

(3) $h *_s h = \frac{1}{5} < h, h, h > h^2.$

각 원소 $a, b, c \in H^2(X, \mathbb{C})$에 대하여 3-점함수는

$$\begin{aligned} < a, b, c > &= \int_X a *_s b *_s c \\ &= \sum_\beta < \Phi_{0, 3, \beta} > (a \otimes b \otimes c) q^\beta \\ &= < \Phi_{0, 3, 0} > (a \otimes b \otimes c) + \\ &\qquad \sum_{b \neq 0} < \Phi_{0, 0, \beta} > q^\beta \cdot \int_\beta a \cdot \int_\beta b \cdot \int_\beta c \end{aligned}$$

이고, $< \Phi_{0, 0, \beta} > = N_\beta = \sum_{\beta = kr} n_r k^{-3}$이다.

(4) $< a, b, c > = \int_X a \cup b \cup c + \sum_{d=1}^{\infty} n_d \frac{q^d}{1 - q^d} \int_{dl} a \cdot \int_{dl} b \cdot \int_{dl} c$

이 칼라비-야우 3-폴드 X의 A-모델상관함수이다.

주의 $a, b \in H^*(X, \mathbb{C})$의 작은퀀텀곱(small quantum product) $*_s$의 정의는

$$a *_s b = \sum_i \sum_\beta < \Phi_{0, 3, \beta} > (a \otimes b \otimes r_i) q^\beta r^i$$

이고, $q^\beta = e^{2\pi i \int_\beta \omega} \in \mathbb{C}$, ω는 복소켈러류다.

그러나 합이 수렴하느냐가 문제다. 우회하는 방법으로 코호몰로지 계수를 $\mathbb{C}$ 대신 **노비코프환**(Novikov ring)

$\Lambda(\omega, \mathbb{C}) = \Big[\sum_{\beta \in H_2(X, \mathbb{Z})} a_\beta q^\beta \mid a_\beta \in \mathbb{C}$, 임의의 실수 c에 대하여

$\left\{\beta \,\middle|\, a_\beta \neq 0, \left|\int_\beta \omega\right| < c\right\} < \infty\Big]$을 취하면, $*_s$는 잘 정의되고 작은 퀀텀코호몰로지환 $QH^*(X) = H^*(X, \Lambda(\omega, \mathbb{C}))$에서 값을 갖는다.

3.2 큰퀀텀코호몰로지 (Big Quantum Cohomology)

제2장에서 글로모브-위튼불변량 $< \Phi_{g,\,n,\,\beta} >$를 정의하였다. 제3장 1절 (3.1)에서 $n=3$인 불변량 $< \Phi_{g,\,3,\,\beta} >$만을 사용하여 작은퀀텀곱과 작은퀀텀코호몰로지환(small quantum cohomology ring)을 정의하였다. 본 절 (3.2)과 거울대칭에서는 모든 n과 $g=0$에 대한 불변량 $< \Phi_{0,\,n,\,\beta} >$을 사용한 글로모브-위튼포텐샬(Gromov-Witten potential), 큰퀀텀곱(big quantum product), 큰퀀텀코호몰로지환(big quantum cohomology ring)의 정의와 그 성질을 알아보자.

(3.2.1) 초교환다양체(Supercommutative Manifold)

X를 복소사영버라이어티라 하자.

$\{r_0 = 1, r_1, \cdots, r_m\}$을 $H^*(X, \mathbb{Q})$의 동차기저(homogeneous basis), r_i에 대응하는 변수를 t_i, $\deg r_i = \deg t_i$라 하자. 코호몰로지환 $H^*(X, \mathbb{C}) = \bigoplus_{k \geq 0} H^k(X, \mathbb{C}) \simeq \mathbb{C}^{m+1}$은 복소벡터공간이며 **초교환다양체**(supercommutative manifold)이다. 즉

$t_i \cup t_j = (-1)^{\deg t_i \cdot \deg t_j} t_j \cup t_i$이다.

(1) $H^*(X,\mathbb{C})=\mathbb{C}[t_0,t_1,\cdots,t_m]$
$\simeq \mathbb{C}\left[t_{i_1},\cdots,t_{i_{k_1}} \mid \deg t_{i_\lambda}=\text{짝수},\ \lambda=1,\cdots,k_1\right]$
$\otimes \wedge^* \mathbb{C}\left[t_{j_1},\cdots,t_{j_{k_2}} \mid \deg t_{j_\lambda}=\text{홀수},\ \lambda=1,\cdots,k_2\right]$,

(2) 편미분은 $\frac{\partial}{\partial t_i}\left(t_i^k\cdot t_I^\alpha\right)=k\cdot t_i^{k-1}\cdot t_I^\alpha$이다. 여기서 t_I^α는 t_i를 포함하지 않는다.

(3) $F\in\mathbb{C}[t_0,\cdots,t_m]$이 다항식이면

$$\frac{\partial^2 F}{\partial t_i\partial t_j}=(-1)^{\deg t_i\cdot \deg t_j}\frac{\partial^2 F}{\partial t_j\partial t_i}$$

이며 **멱급수환**(powerseries ring)
$\mathbb{C}[[t_0,\cdots,t_m]]$까지 미분을 **선형확장**(linear expansion)하자.

(3.2.2) 글로모브-위튼포텐샬(Gromov-Witten Potential)

(X,ω)를 칼라비-야우다양체라 하자.

일반원소(general element)를 $r=\sum_{i=0}^m t_i r_i\in H^*(X,\mathbb{C})$라 하자.

형식적 합(formal sum)

$$\Phi(r)=\sum_{n=0}^{\infty}\sum_{\beta\in H_2(X,\mathbb{Z})}<\Phi_{0,n,\beta}>(r^{\otimes n})q^\beta$$

을 **글로모브-위튼포텐샬**(Gromov-Witten potential)이라고 한다. 여기서 $q^\beta=e^{2\pi i\int_\beta \omega}$, ω는 복소켈러류(complexified Kähler class)이다.

(1) 주로 포텐샬 $\Phi(r)$의 3차 편미분을 사용함으로 포텐샬 정의에서

$n \geq 3$이라 하기도 한다(3.2.4 참조).

(2) 편의상 $r^{\otimes n} = r^n$으로 쓰자.

기호상의 약속으로 $\alpha = (\alpha_0, \cdots, \alpha_m)$일 때

$r^\alpha = r_0^{\alpha_0} \cdots r_m^{\alpha_m}$, $t^\alpha = t_0^{\alpha_0} \cdots t_m^{\alpha_m}$, $|\alpha| = \alpha_0 + \cdots + \alpha_m$,

$\alpha! = \alpha_0! \cdots \alpha_m!$라 하자.

$$\frac{1}{n!} < \Phi_{0,\, n,\, \beta} > (r^n) = \sum_{|\alpha| = n} \varepsilon(\alpha) < \Phi_{0,\, n,\, \beta} > (r^\alpha) \frac{t^\alpha}{\alpha!}$$

이다. 여기서 $\varepsilon(\alpha) = \pm 1$이고,

$$(t_0 r_0)^{\alpha_0} \cdots (t_m r_m)^{\alpha_m} = \varepsilon(\alpha) r_0^{\alpha_0} \cdots r_m^{\alpha_m} t_0^{\alpha_0} \cdots t_m^{\alpha_m} = \varepsilon(\alpha) r^\alpha t^\alpha$$

이다. 따라서 글로모브-위튼포텐샬은

$$\begin{aligned} \Phi(r) &= \sum_{n=0}^{\infty} \sum_{\beta} \sum_{|\alpha| = n} \varepsilon(\alpha) < \Phi_{0,\, n,\, \beta} > (r^\alpha) \frac{t^\alpha}{\alpha!} q^\beta \\ &\in \mathbb{C}[[t_0, \cdots, t_m]] \end{aligned}$$

이다.

포텐샬에 미분(에너지)하여 여러가지 성질을 얻어냄으로 글로모브-위튼포텐샬을 지너스 $g = 0$ **프리에너지**(free energy)라고 한다.

(3) 지너스 $g = 0$인 경우와 같은 방법으로 지너스 g 글로모브-위튼불변량 $< \Phi_{g,\, n,\, \beta} >$을 사용하여 지너스 g의 **글로모브-위튼포텐샬**(Gromov-Witten Potential)을

$$\Phi(r) = \sum_{n=0}^{\infty} \sum_{\beta} \frac{1}{n!} < \Phi_{g,\, n,\, \beta} > (r^n) q^\beta$$

로 정의한다. 그러나 거울대칭에서는 $g = 0$인 **트리레벨**(tree level)인 경우만 다룬다.

(3.2.3) 엘립틱커브(Elliptic Curve)

$X_i = E = S^1 \times S^1$을 **엘립틱커브**(elliptic curve)라 하자. 홀로몰픽맵 $\mathbb{P}^1 \to S^1 \times S^1$은 상수맵 뿐이다.
불변량 $< \Phi_{0,\,3,\,0} >$은 점맵성(7)에 의하여 결정된다.
$H^*(E, \mathbb{C}) = H^0(E, \mathbb{C}) \oplus H^1(E, \mathbb{C}) \oplus H^2(E, \mathbb{C})$의 기저를
$r_0 = 1 \in H^0(E, \mathbb{C}),\ r_1, r_2 \in H^1(E, \mathbb{C}),\ r_3 = [\mathrm{pt}] \in H^2(E, \mathbb{C})$
라 하고 $r = t_0 r_0 + t_1 r_1 + t_2 r_2 + t_3 r_3$라 하자.
E의 글로모브-위튼포텐샬은

$$\begin{aligned}\Phi(r) &= \frac{1}{3}! < \Phi_{0,\,3,\,0} > (r^3) \\ &= \frac{1}{3!}\left[3\left(\int_E 1 \cup 1 \cup r_3\right) t_0^2 t_3 - 6\left(\int_E 1 \cup r_1 \cup r_2\right) + t_0 t_! t_2\right] \\ &= \frac{1}{2} t_0^2 t_3 - t_0 t_1 t_2\end{aligned}$$
이다.

여기서 r_i와 t_i의 **초교환**(supercommutative)성이 사용됐다.

(3.2.4) 큰퀀텀곱(Big Quantum Product)

$H^*(X, \mathbb{C})$의 동차기저 $\{r_i\}$에 대하여

$r_i *_b r_j := \sum_k \frac{\partial^3 \Phi(r)}{\partial t_i \partial t_j \partial t_k} r^k$로 정의하고,

$\left(r^k = \sum_l g^{kl} r_l,\ \left(g^{kl}\right) = \left(g_{kl}\right)^{-1}\text{은 역행렬}\right)$

$*_b$을 **큰퀀텀곱**(big quantum product)이라 한다.
여기서 $*_b$을 선형확장한다.

(3.2.5) 엘립틱커브의 글로모브-위튼포텐샬

$X=E$를 엘립틱커브라 하자. (3.2.3)에 의하여 글로모브-위튼포텐샬은 $\Phi(r)=\frac{1}{2}t_0^2t_3-t_0t_1t_2$이다. 큰퀀텀곱은

$$r_1 *_b r_2=\sum_k \frac{\partial^3\Phi(r)}{\partial t_1\partial t_2\partial t_k}r^k=\frac{\partial^3\Phi(r)}{\partial t_1\partial t_2\partial t_0}r^0$$

$$=\frac{\partial^3\left(\frac{1}{2}t_0^2t_3-t_0t_1t_2\right)}{\partial t_1\partial t_2\partial t_0}r_3=r_3\text{이다.}$$

여기서 $g=\begin{bmatrix}0&0&0&1\\0&0&1&0\\0&-1&0&0\\1&0&0&0\end{bmatrix}$, $g^{-1}=\begin{bmatrix}0&0&0&1\\0&0&-1&0\\0&1&0&0\\1&0&0&0\end{bmatrix}$이고, $r^0=r_3$이다.

(3.2.6) 정리

모든 i, j, k에 대하여,

$$\frac{\partial^3\Phi(r)}{\partial t_i\partial t_j\partial t_k}=\sum_{n=0}^{\infty}\sum_{\beta}\frac{1}{n!}<\Phi_{0,\, n+3,\, \beta}>(r_i\otimes r_j\otimes r_k\otimes r^n)q^{\beta}.$$

증명 글로모브-위튼포텐샬의 정의할 때 기호를 쓰자.

$\alpha=(a_0,\ \cdots,\ a_m)$, $|\alpha|=n$,

$\alpha'=(a_0,\ \cdots,\ a_i-1,\ \cdots,\ a_j-1,\ \cdots,\ a_k-1,\ \cdots,\ a_m)$,

$\alpha''=(a_0,\ \cdots,\ a_i+1,\ \cdots,\ a_j+1,\ \cdots,\ a_k+1,\ \cdots,\ a_m)$, $a_i, a_j, a_k\geq 1$

이라 하자. 위 식은 다음 항등식

$$\frac{\partial^3}{\partial t_i\partial t_j\partial t_k}\varepsilon(\alpha)<\Phi_{0,\, n,\, \beta}>(r^{\alpha})\frac{t^{\alpha}}{\alpha!}$$

$$= \varepsilon(\alpha') < \Phi_{0,\,n,\,\beta} > \left(r_i \otimes r_j \otimes r_k \otimes r^{\alpha'}\right) \frac{t^{\alpha'}}{\alpha'!}$$

에 의하여 증명된다. 위 식을 증명하자.

만일 t_i, t_j, t_k가 홀수차(odd degree), $a_i = a_j = a_k = 1$이면

$$\varepsilon(\alpha) < \Phi_{0,\,n,\,\beta} > (r^{\alpha}) \frac{t^{\alpha}}{\alpha!} = \varepsilon(\alpha' + (\cdots, 1, \cdots, 1, \cdots, 1, \cdots)) \cdot$$

$$< \Phi_{0,\,n,\,\beta} > \left(r_i \otimes r_j \otimes r_k \otimes r^{\alpha'}\right) t_k t_j t_i \frac{t^{\alpha'}}{\alpha'!}$$

이고, 미분하면

$$\frac{\partial^3}{\partial t_i \partial t_j \partial t_k} \varepsilon(\alpha) < \Phi_{0,\,n,\,\beta} > \frac{t^{\alpha}}{\alpha!}$$

$$= \varepsilon(\alpha' + (\cdots, 1, \cdots, 1, \cdots, 1, \cdots)) < \Phi_{0,\,n,\,\beta} > (r_i \otimes r_j \otimes r_k \otimes r^{\alpha'}) \frac{t^{\alpha'}}{\alpha'!}$$

이다. 따라서 $\varepsilon(\alpha) < \Phi_{0,\,n,\,\beta} > (r_k \otimes r_j \otimes r_i \otimes r^{\alpha'})$

$$= \varepsilon(\alpha') < \Phi_{0,\,n,\,\beta} > (r_i \otimes r_j \otimes r_k \otimes r^{\alpha'})$$

임을 보이면 된다.

s를 $r^{\alpha'}$의 홀수차 r_i의 갯수라 하면, $\varepsilon(\alpha') = \dfrac{s(s+1)}{2}$이고,

t_i, t_j, t_k가 홀수차이므로 $s + 3 = 0 (\mathrm{mod}\ 2)$이다.

이 경우 $\varepsilon(\alpha) = \varepsilon(\alpha')$이므로 증명이 된다.

다른 경우에도 같은 방법으로 증명된다. ■

다음은 큰퀀텀곱 $*_b$이 결합법칙은 글로모브-위튼포텐샬이 WDVV-**방정식**(Witten-Dijkgraaf-Verlinde-Verlinde equation)을 만족함과 동치이다.

(3.2.7) WDVV-방정식(WDVV-Equation)

모든 $i,\ j,\ k,\ l$에 대하여

$$\sum_{a,\,b}\frac{\partial^3\Phi(r)}{\partial t_i\partial t_j\partial t_a}g^{ab}\frac{\partial^3\Phi(r)}{\partial t_b\partial t_k\partial t_l}=(-1)^{\deg t_i(\deg t_j+\deg t_k)}\cdot$$

$$\sum_{a,\,b}\frac{\partial^3\Phi(r)}{\partial t_j\partial t_k\partial t_a}g^{ab}\frac{\partial^3\Phi(r)}{\partial t_b\partial t_i\partial t_l}$$

을 만족한다.

증명은 글로모브-위튼불변량의 분리성(8)을 사용한다.

증명은 어렵지 않지만 복잡함으로 참고문헌 [KM]을 참조하시오.

(3.2.8) 큰퀀텀코호몰로지환(Big Quantum Cohomology Ring)

$\mathscr{C}$를 큰퀀텀곱 $*_b$가 $H^*(X,\ \mathbb{C})$에서 잘 정의되는 계수환(coefficient ring)이라 하면, $(H^*(X,\ \mathscr{C}),\ +,\ *_b)$는 코호몰로지환이며, $r_0=1$은 항등원(identity)이다.

$(QH^*(X,\ \mathscr{C}),\ +,\ *_b)$를 X의 **큰퀀텀코호몰로지환**(big quantum cohomology ring)이라 한다.

증명 기본류 $r_0=[X]\in QH^0(X,\ \mathscr{C})$의 변수 t_0에 대하여

$$\frac{\partial^3\Phi(r)}{\partial t_0\partial t_j\partial t_k}=\sum_{n=0}^{\infty}\sum_{\beta}\frac{1}{n!}<\Phi_{0,\,n+3,\,\beta}>(r_0\otimes r_j\otimes r_k\otimes r^n)q^\beta$$

$$=<\Phi_{0,\,3\,,0}>(r_0\otimes r_j\otimes r_k)=\int_X r_j\cup r_k=g_{jk}$$

이다. 첫째 등호는 정리 (3.2.5), 둘째 등호는 기본류성(5)이다.

따라서 $r_0*_b r_j=\sum_k\frac{\partial^3\Phi(r)}{\partial t_0\partial t_j\partial t_k}r^k=\sum_k g_{jk}r^k=r_j$이다.

결합법칙은 WDVV-방정식에 의하여

$$
\begin{aligned}
&(r_i *_b r_j) *_b r_k \\
&= \sum_{a,\, b}\sum_{l,\, s} \frac{\partial^3 \Phi(r)}{\partial t_i \partial t_j \partial t_a} g^{ab} \frac{\partial^3 \Phi(r)}{\partial t_b \partial t_k \partial t_l} g^{ls} r_s \\
&= (-1)^{\deg r_i (\deg r_j + \deg r_k)} \sum_{a,\, b}\sum_{l,\, s} \frac{\partial^3 \Phi(r)}{\partial t_j \partial t_k \partial t_a} g^{ab} \frac{\partial^3 \Phi(r)}{\partial t_b \partial t_i \partial t_l} g^{ls} r_s \\
&= (-1)^{\deg r_i (\deg r_j + \deg r_k)} (r_j *_b r_k) *_b r_i \\
&= r_i *_b (r_j *_b r_k).
\end{aligned}
$$

여기서 마지막 등식은 $*_b$의 초교환성(supercommutativity) 때문이다.

■

(3.2.9) 플로베니우스 대수(Frobenius Algebra)

(1) $H^*(X, \mathbb{C})$ 상에서 $g(a, b) = \int_X a \cup b$은 큰퀀텀코호몰로지환 $QH^*(X, \mathscr{C})$에서

$$g(a *_b b,\, c) = g(a,\, b *_b c)$$

가 성립하여, $QH^*(X, \mathscr{C}), *_b,\, g)$는 **플로베니우스대수**(Frobenius algebra)라 한다.

(2) $\int_X r_i *_b r_j *_b r_k = \frac{\partial^3 \Phi(r)}{\partial t_i \partial t_j \partial t_k}.$

(3) 글로모브-위튼포텐샬은

$$\Phi(r) = \sum_{n=0}^{\infty} \sum_{\beta} \frac{1}{n!} < \Phi_{0,\, 3,\, \beta} > (r^n) q^{\beta}$$

$$= \frac{1}{3!} < \Phi_{0,3,0} > (r^3) + \sum_{n=0}^{\infty} \sum_{\beta \neq 0} \frac{1}{n!} < \Phi_{0,n,\beta} > (r^n) q^{\beta}$$

$$= \Phi_{\text{classic}}(r) + \Phi_{\text{quantum}}(r)$$

로 나누어지고, 기본류성에 의하여 t_0는 $\Phi_{\text{classic}}(r)$에만 나타난다.

(4) $r = \sum_{i=0}^{m} t_i r_i$에서 $\{r_1, \cdots, r_r\}$을 $H^2(X, \mathbb{Z})$의 동차기저라 하자.

만일 $\deg r_i = 2,\ i = 1, \cdots r,\ d := \sum_{i=1}^{r} t_i r_i,\ e = \sum_{i=r+1}^{m} t_i r_i$라고 두면,

$r = t_0 r_0 + d + e$이다.

글로모브-위튼포텐샬(Gromov-Witten potential)은, 디바이저성(6)에 의하여,

$$\Phi(r) = \frac{1}{6}\int_X r^3 + \sum_n \sum_{\beta \neq 0} \frac{1}{n!} < \Phi_{0,n,\beta} > (d+e)^n q^{\beta}$$

$$= \frac{1}{6}\int_X r^3 + \sum_{a,b} \sum_{\beta \neq 0} \frac{1}{a!} \frac{1}{b!} < \Phi_{0,n,\beta} > (e^b) \left(\int_{\beta} d\right)^a q^{\beta}$$

$$= \frac{1}{6}\int_X r^3 + \sum_b \sum_{\beta \neq 0} < \Phi_{0,n,\beta} > (e^b) \cdot e^{\int_{\beta} d} q^{\beta}$$

이 된다. 이 식은 포텐샬 계산에 유용하다.

(3.2.10) 퀸틱3-폴드(Quintic Threefold)

퀸틱3-폴드 X의 코호몰로지는 다음과 같다:

$$H^0(X, \mathbb{C}) = ([X]) = ([T_0]) = \mathbb{C} \cong H^6(X, \mathbb{C}) = ([\text{pt}]) = ([T_3]),$$

$$H^1(X, \mathbb{C}) \cong H^5(X, \mathbb{C}) = \{0\},$$

$$H^2(X, \mathbb{C}) = < [H] > = < T_1 > = H^{1,1}(X) = \mathbb{C}$$
$$\cong H^4(X, \mathbb{C}) = < [l] > = < T_2 > = H^{2,2}(X) = \mathbb{C},$$

$$H^3(X, \mathbb{C}) = H^{3,0}(X) \oplus H^{2,1}(X) \oplus H^{1,2}(X) \oplus H^{0,3}(X)$$
$$= < r_1, \cdots, r_{204} >,$$

$$H^{3,0}(X) = < [\Omega] > = < [k_X] > = \mathbb{C} \cong H^{0,3}(X),$$

$$H^{2,1}(X) = \mathbb{C}^{101} \cong H^{1,2}(X).$$

$H^*(X, \mathbb{C})$의 기저 $\{T_0, T_1, T_2, T_3, r_1, \cdots, r_{204}\}$에 대응되는 변수를 $\{t_0, t_1, t_2, t_3, u_1, \cdots, u_{204}\}$라 하자.

$q_{ij} = \int_X r_i \cup r_j,\ 1 \leq i, j \leq 204$라 하고

$\Phi(r) = \Phi_{\text{classic}}(r) + \Phi_{\text{quantum}}(r)$이라 하자.

(1) $\Phi_{\text{classic}}(r) = \dfrac{1}{2} t_0^2 t_3 + t_0 t_1 t_2 + \dfrac{5}{6} t_1^3 - \sum_{i,j} q_{ij} t_0 u_i u_j.$

(2) $\Phi_{\text{quantum}}(r) = \sum_{d \geq 1} < \Phi_{0,0,d} > \cdot e^{dt_1} \cdot q^d.$

(3) $T_1 *_b T_1 = \Phi_{111} T_2,$

여기서 $\Phi_{111} = \int_X T_1 *_b T_1 *_b T_1$

$$= \sum_{d \geq 1} < \Phi_{0,3,d} > (H \otimes H \otimes H) e^{t_1 d} q^d$$

$$= \sum_{d \geq 1} < \Phi_{0,0,d} > d^3 (e^{t_1} q)^d$$

(4) 불변량의 차수성(degree)(3)에 의하여

만일 $\deg(\alpha_i) \neq 2$인 α_i가 존재하면, $\beta \neq 0$일 때

$< \Phi_{0,\, n,\, \beta} > (\alpha_1 \otimes \cdots \otimes \alpha_n) = 0$이다.

따라서 $H^2(X, \mathbb{C}) = < r_1, \cdots, r_r >$,

$\alpha = \sum_{i=0}^{r} t_i r_i$, $\mathfrak{q}^{\beta} = e^{\int_{\beta} \alpha} \cdot q^{\beta}$라 두면

$$\Phi_{\text{quantum}}(r) = \sum_{\beta \neq 0} < \Phi_{0,\, 0,\, \beta} > e^{\int_{\beta} \alpha} \cdot q^{\beta}$$

$$= \sum_{\beta \neq 0} < \Phi_{0,\, 0,\, \beta} > \mathfrak{q}^{\beta}$$은 $t_1, \cdots, t_r$ 함수다.

$\Phi(r) = \Phi_{\text{classic}}(r) + \sum_{\beta \neq 0} < \Phi_{0,\, 0,\, \beta} > \mathfrak{q}^{\beta}$이다.

$$\frac{\partial^3 \Phi}{\partial t_i \partial t_j \partial t_k} = \int_X r_i \cup r_j \cup r_k + \sum_{\beta \neq 0} < \Phi_{0,\, 0,\, \beta} > \int_{\beta} r_i \int_{\beta} r_j \int_{\beta} r_k \, \mathfrak{q}^{\beta}$$

$$= < \Phi_{0,\, 3,\, 0} > (r_i, r_j, r_k) + \sum_{\beta \neq 0} < \Phi_{0,\, 3,\, \beta} > \mathfrak{q}^{\beta}$$

$= < r_i, r_j, r_j >$이다.

$$r_i *_s r_j = \sum_k < r_i, r_j, r_k > r^k$$

$$= \sum_k \frac{\partial^3 \Phi}{\partial t_i \partial t_j \partial t_k} r^k = r_i *_b r_j$$

이므로 칼라비-야우 3-폴드에서는 작은퀀텀코호몰로지와 큰퀀텀코호몰로지는 차이가 없다.

(5) 일반적으로는 큰퀀텀곱과 WDVV-방정식은 작은퀀텀코호몰로지보다 훨씬 많은 정보를 포함하고 있다.

그러나 $\deg r_i \neq 2$일 때 $t_i = 0$라 두면 (4)에서 보듯이 작은퀀텀곱과 큰퀀텀곱은 같다.

(3.2.11) 작은퀀텀곱과 큰퀀텀곱

작은퀀텀곱 $*_s$과 큰퀀텀곱 $*_b$의 관계를 알아보자.

$\{r_0, r_1, \cdots, r_m\}$을 $H^*(X, \mathbb{Q})$의 기저, $\{r_1, \cdots, r_r\}$을 $H^2(X, \mathbb{Q})$의 기저라 하고, $r = \sum_{i=0}^{m} t_i r_i$라 하자. 코호몰로지류 r을 2차와 나머지를 분리하면

$d = \sum_{i=1}^{r} t_i r_i$, $e = t_0 r_0 + \sum_{i=r+1}^{m} t_i r_i$라 하면, $r = d + e$다.

글로모브-위튼포텐샬은

$$\Phi(r) = \sum_{n=0}^{\infty} \sum_{\beta} \frac{1}{n!} < \Phi_{0,\, n,\, \beta} > (r^n) q^\beta,\ q^\beta = e^{2\pi i \int_\beta \omega}$$

이고 큰퀀텀곱은

$$\begin{aligned} r_i *_b r_j &= \sum_k \frac{\partial^3 \Phi(r)}{\partial t_i \partial t_j \partial t_k} r^k \\ &= \sum_k \sum_{n=0}^{\infty} \sum_\beta \frac{1}{n!} < \Phi_{0,\, n+3,\, \beta} > (r_i \otimes r_j \otimes r_k \otimes e^n) \cdot \\ &\qquad\qquad e^{\int_\beta d} \cdot q^\beta \cdot r^k \end{aligned}$$
이고,

(1) $$r_i *_b r_j \Big|_{d=e=0} = \sum_k \sum_\beta < \Phi_{0,\, 3,\, \beta} > (r_i \otimes r_j \otimes r_k) q^\beta \cdot r^k = r_i *_s r_j.$$

따라서 $d = e = 0$이면 $*_b = *_s$이다.

(2) $$r_i *_b r_j \Big|_{e=0} = \sum_k \sum_\beta < \Phi_{0,\, 3,\, \beta} > (r_i \otimes r_j \otimes r_k) e^{\int_\beta d} \cdot q^\beta \cdot r^k$$을

제한큰퀀텀곱(restricted big quantum product)이라 한다.

여기서 $e^{\int_\beta d} \cdot q^\beta = e^{\int_\beta (d+2\pi i\omega)} = \mathbb{q}^\beta$라 두고

만일 $\omega = 0$이면, $\mathbb{q}^\beta = e^{\int_\beta d} = e^{\int_\beta \sum_{i=1}^{r} t_i r_i}$이고,

$r_i *_b r_j = \sum_k \sum_\beta < \phi_{0,\,3,\,\beta} > (r_i \otimes r_j \otimes r_k)\,\mathbb{q}^\beta \cdot r^k$이다.

따라서 $\mathbb{q}$를 q로 바꾸면 $r_i *_b r_j \Big|_{e=0}$는 $r_i *_s r_j$로 바뀐다.

(3) $\{r_1, \cdots, r_r\}$이 $H^2(X, \mathbb{Q})$의 기저이고, $\omega \in H^2(X, \mathbb{Q})$이므로

$\omega = \frac{1}{2\pi i}\sum_{i=1}^{r} t_i r_i$라 두면 $q^\beta = e^{2\pi i \int_\beta \omega} = e^{\int_\beta \sum_{i=1}^{r} t_i r_i} = e^{\int_\beta d}$이다.

따라서 (2)와 (3)에 의하여, 퀀텀곱은

$$r_i *_b r_j \Big|_{\substack{e=0 \\ w=0}} = r_i *_s r_j \Big|_{\omega = \frac{1}{2\pi i} d}$$

인 관계가 있다.

(3.2.12) A-모델콘넥션(A-model Connection)

X를 $n(\geq 3)$-차원 칼라비-야우다양체라 하자.

(1) X의 **켈러콘**(Kähler cone) $K(X)$은 X의 켈러류들의 집합이다.

(2) X의 **복소켈러공간**(complexified Kähler space)는

$$K_{\mathbb{C}} = \{\omega \in H^2(X, \mathbb{C}) \mid \mathrm{im}\,\omega \in K(X)\} / \mathrm{Im}\, H^2(X, \mathbb{Z})$$

이다. 여기서 $\mathrm{Im}\, H^2(X, \mathbb{Z}) = [H^2(X, \mathbb{Z}) \to H^2(X, \mathbb{C})]$의 상이다.

(3) **복소켈러모듀라이공간**(complexified Kähler moduli space)는 $Km(X) = K_{\mathbb{C}}(X) / \mathrm{Aut}(X)$이다.

(4) $\{r_0 = 1, r_1, \cdots, r_m\}$을 $H^*(X, \mathbb{Q})$의 기저이고, $H^2(X, \mathbb{Q}) \cap H^2(X, \mathbb{Z})$의 기저 $\{r_1, \cdots, r_r\}$는 켈러콘의 페포 $\overline{K(X)}$에 속한다고 하자. 실제로 $H^{2,0}(X) = 0$이므로 $r_1, \cdots, r_r \in H^2(X, \mathbb{Z}) \subset H^2(X, \mathbb{C}) = H^{1,1}(X)$이고, $r_1, \cdots, r_r$에 대응하는 변수를 $u_1, \cdots, u_r$이라 하자.

복소켈러류 $\omega = \sum_{i=1}^{r} u_i r_i \in H^2(X, \mathbb{R}) + iK(X) \subset H^2(X, \mathbb{C})$이다.

정수호몰로지류 $\beta \in H_2(X, \mathbb{Z})$에 대하여

$q^\beta = e^{2\pi i \int_\beta \omega}$는 lm $H^2(X, \mathbb{Z}) \subset H^2(X, \mathbb{R})$에 관계없이 $K_\mathbb{C}(X)$에서 정의된다.

(5) 자명번들(trivial bundle)

$$(*)\ \mathcal{H} = H^*(X, \mathbb{C}) \times K_\mathbb{C}(X) \longrightarrow K_\mathbb{C}(X)$$

을 $K_\mathbb{C}(X)$ 상에서 생각하자.

번들 $(*)$상의 A-**모델콘넥션**(A-model connection)을

$$\nabla_{\frac{\partial}{\partial u_i}}(r_j) := r_i *_s r_j,\ 1 \le i \le r,\ 0 \le j \le m$$

로 정의한다.

$$\nabla_{\frac{\partial}{\partial u_i}}(r_j) = \sum_k \sum_\beta < \Phi_{0,3,\beta} > (r_i \otimes r_j \otimes r_k) q^\beta r^k$$

이고, $q^\beta = e^{2\pi i \int_\beta \omega}$, $\omega \in K_\mathbb{C}(X)$이므로

(i) A-모델콘넥션 ∇는 켈러류 $\omega \in K_\mathbb{C}(X)$에 의존한다.

(ii) A-모델콘넥션 ∇는 플랫(flat)이다.

증명 작은퀀텀곱 $*_s$는 결합법칙을 만족한다.

$$\nabla_{\frac{\partial}{\partial u_i}}\left(\nabla_{\frac{\partial}{\partial u_j}} r_k\right) = r_i *_s (r_j *_s r_k)$$

$$= (r_i *_s r_j) *_s r_k = (-1)^{\deg r_i \cdot \deg r_j}(r_j *_s r_i) *_s r_k$$

$$= (r_j *_s r_i) *_s r_k,\ \deg r_i = \deg r_j = 2,$$

$$= r_j *_s (r_i *_s r_k) = \nabla_{\frac{\partial}{\partial u_j}}\left(\nabla_{\frac{\partial}{\partial u_i}} r_k\right)$$ 이고,

같은 이유로 $\left[\frac{\partial}{\partial u_i}, \frac{\partial}{\partial u_j}\right] = 0$ 이다.

따라서 콘넥션 ∇ 의 **곡률**(curvature)은

$$R\left(\frac{\partial}{\partial u_i}, \frac{\partial}{\partial u_j}\right)\frac{\partial}{\partial u_k}$$

$$= \nabla_{\frac{\partial}{\partial u_i}} \nabla_{\frac{\partial}{\partial u_j}} r_k - \nabla_{\frac{\partial}{\partial u_j}} \nabla_{\frac{\partial}{\partial u_i}} r_k - \nabla_{\left[\frac{\partial}{\partial u_i}, \frac{\partial}{\partial u_j}\right]} r_k = 0,$$

여기서 $\frac{\partial}{\partial u_k} = r_k$ 이다. ■

(6) (X, ω)가 칼라비-야우다양체일 때

(i) 작은퀀텀곱 $*_s$이 결합법칙을 만족하고, 이는 제한 글로모브-위트포텐샬이 WDVV-방정식을 만족함과 동치이고, A-모델콘넥션 ∇ 이 플랫임과도 동치다.

(ii) 만일 켈러폼 $\omega = \sum_{j=1}^{r} u_j r_j$, $2\pi i u_j = t_j$, $j = 1, \cdots r$ 이고 $q_j = e^{2\pi i u_j}$ 이면, $\frac{\partial}{\partial t_j} = q_j \frac{\partial}{\partial q_j}$, $\frac{\partial}{\partial u_j} = 2\pi i q_j \frac{\partial}{\partial q_4} = 2\pi i \frac{\partial}{\partial t_j}$ 이다. 이 식은 거울대칭에서 사용할 것이다.

Chapter 04 에쿠이바리안트 코호몰로지 (Equivariant Cohomology)

콤팩트 미분다양체 X상의 벡터번들들은 위트니합(Whitney sum) $\oplus$과 텐서곱(tensor product) $\otimes$에 의하여 K-**환**(K-ring) $K(X)$을 이룬다. 번들의 섹션들은 무한차원의 바나크공간이 된다. 바나크공간 사이에 **엘립틱연산자**(elliptic operator)의 지표(index)를 **아티야-싱어지표정리**(Atiyah-Singer index theorem)로서 구할 수 있다.

콤팩트 리군 G가 $K(X)$의 엘립틱열(elliptic sequence)에 작용할 때 G-에쿠이바리안트 엘립틱연산자의 지표는 G의 고정점 집합 $X^G \subset X$에서 국소화한 G-엘립틱 연산자의 지표와 같다는 것이 **아티야-보트국소정리**(Atiyah-Bott localization theorem)이다. **거울대칭정리**(mirror-symmetry theorem)을 증명할 때 아티야-보트국소정리를 사용한다.

4.1 에쿠이바리안트 코호몰로지 (Equivariant Cohomology)

G를 콤팩트연결리군(compact connected Lie group)이라 하자.

$G \to EG \to BG$를 **분류주** G-**번들**(classifying principal G-bundle), [EG는 점으로 수축(contractible), $EG/G = BG$]이라 하자.

(4.1.1) 분류주번들(Classifying Principal Bundle)

분류 주 G번들의 성질은 다음과 같다.

(1) 콤팩트 연결리군(connectied Lie group) G에 대하여 분류주G-번들은 존재한다.

(2) 모든 G-번들 $G \to P \to X$은 맵 $f : X \to BG$ 존재하여 **풀백**(pull back) $f^*(EG) \simeq P$이며, **호모토피**(homotopy)로 유일하다.

(3) BG를 G-번들의 **분류공간**(classifying space)라 한다.

(4) 예를 들면:

(ⅰ) $G = S^1$이면, 분류주S^1-번들은 $S^1 \to S^\infty \to \mathbb{P}^\infty$이다.

(ⅱ) $G = (S^1)^n$이면, 분류주 $(S^1)^n$-번들은 $(S^1)^n \to (S^\infty)^n \to (\mathbb{P}^\infty)^n$이다.

여기서 S^∞은 점과 호모토픽하며, $S^1 \simeq \mathbb{C} - \{0\} = \mathbb{C}^*$은 호모토픽하고, 복소벡타번들에 적용할 수 있다.

(5) S^1이 $\mathbb{C}$상에 곱으로 작용하면 (4) (ⅰ)에 의한 벡타번들은 $\mathbb{C} \to E \to \mathbb{P}^\infty$이며, $E = Q_{\mathbb{P}^\infty}(-1)$은 **토토로지칼번들**(tautological bundle) 혹은 **유니버샬 S^1-벡타번들**(universal S^1-vector bundle)이라 한다.

(4.1.2) 에쿠이바리안트 코호몰로지

리군 G가 X상에 작용할 때, $X_G := X \times_G EG$라 하자.

여기서 $(x, e) \in X \times EG$, $g \in G$에 대하여 $(x, e) \sim (xg, g^{-1}e)$이다.

X의 G-에쿠이바리안트 코호몰로지(G-equivariant cohomology)를 $H_G^*(X) := H^*(X_G)$로 정의한다.

(1) $X \to X_G \to BG$는 BG상에 파이버(fiber)가 X인 파이버번들이

다. $i_X : X \to X_G$는 한 파이버로 가는 포함맵이다.

(2) X가 점이면, $X_G = BG$이고 $H_G^*(\mathrm{pt}) = H^*(BG)$다.

(3) $p : X \to \mathrm{pt}$이면 $p^* : H^*(BG) \to H_G^*(X)$이므로, $H_G^*(X)$는 $H^*(BG)$-모듈(module)이다.

(4) (1)의 포함맵 $i_X : X \to X_G$의 코호몰로지맵

$i_X^* : H_G^*(X) \to H^*(X)$을 **포겟풀맵**(forgetful map)이라 한다.

(4.1.3) 관련번들(Associated Bundle)

토러스 $G = (\mathbb{C}^*)^n$의 **특성군**(character group)을 $M(G)$라 하자. 각 원소 $\rho \in M(G)$에 대하여 $\mathbb{C}_\rho$를 G가 ρ로 작용하는 1차원 벡타공간이라 하자.

(1) $\mathbb{C} \to L_\rho := (\mathbb{C}_\rho)_G = \mathbb{C}_\rho \times_G EG \to BG$는 ρ에 대응한 1-차원 벡타번들이다.

맵 $\psi : M(G) \to H^2(BG),\ \rho_1 \mapsto \psi(\rho) = -c_1(L_\rho)$은

동형(isomorphism)이다. 이로 유도된 맵

$$\Phi : \mathrm{sym}(M(G)) \longrightarrow H^*(B(G))$$

은 **환동형**(ring isomorphism)이다.

이때 $\psi(\rho) = -c_1(L_\rho)$를 ρ의 가중치(weight of ρ)라 한다.

(2) 특성맵 $\rho_i : T = (\mathbb{C}^*)^n \to \mathbb{C}^*,\ \rho_i(z_1, \cdots, z_n) = z_i$의 가중치를 $\lambda_i := -c_1(L_{\rho_i})$라 하면, $L_{\rho_i} = \mathscr{O}(-\lambda_i)$이고

$H_T(\mathrm{pt}) = H^*(BT) \simeq \mathbb{C}[\lambda_1, \cdots, \lambda_n]$은 동형이다.

(3) 포함맵 $i_p : \mathrm{pt} \to BG$와 $i_X : X \to X_G$에 대하여 맵

$i_p^* : H^*(BG) \to H^*(\mathrm{pt})$,

$i_X^* : H_G^*(X) \to H^*(X)$, $\lambda_i \mapsto 0$, $i = 1, \cdots, n$

은 포겟풀맵(forgetful map)이다.

(4.1.4) 에쿠이바리안트 벡타번들(Equivariant Vector Bundle)

다양체 X가 G-공간이라 하자.

(1) **에쿠이바리안트 G-벡타번들**(equivariant G-vector bundle)은 벡타번들 $E \to X$이며 X상의 G작용이 E상의 작용으로 리프트(lift) 되고 각 파이버에서 선형(linear)으로 작용한다.

(2) G-벡타번들 $E \to X$은 벡타번들

$$E_G = E \times_G EG \to X \times_G EG = X_G$$

을 유도한다. **에쿠이바리안트 G-천류**(equivariant G-Chern class) $c_k^G(E) \in H_G^{2k}(X)$를

$c_k(EG) \in H_G^{2k}(X) = H^{2k}(X_G)$로 정의한다.

(3) 만일 $E \to X$가 r-차원(rank r) G-벡타번들이면

$$c_r^G(E) = c_r(E_G) = \mathrm{Euler}_G(E) \in H_G^{2r}(X)$$

를 E의 **G-에쿠이바리안트 오일러류**(equivariant Euler class)라 한다.

(4) 토러스 $G = (\mathbb{C}^*)^n$가 $\mathbb{C}^n$에 대각작용(diagonal action)한다고 하자. 자명번들(trivial bundle) $E = \mathbb{C}^n \to \mathrm{pt}$는 에쿠이바리안트 G-번들이다.

$$E_G = \mathscr{O}(\lambda_1) \oplus \cdots \oplus \mathscr{O}(\lambda_n) \rightarrow \mathrm{pt}_G = BG \text{이며 } \lambda_i = c_1(\mathscr{O}(\lambda_i))$$

이다.

따라서 전천류(total Chern class)는

$$\begin{aligned} c(E_G) &= (1+\lambda_1)\cdots(1+\lambda_n) \\ &= 1 + (\lambda_1 + \cdots + \lambda_n) + \cdots + (\lambda_1 \cdots \lambda_n) \end{aligned}$$

이고, 에쿠이바리안트 G-천류는

$$c_k^G(E) = c_k(E_G) = \sigma_k(\lambda_1, \cdots, \lambda_n) \in H^{2k}(BG)$$

이다.

여기서 $\sigma_k(\lambda_1, \cdots, \lambda_n)$은 k-번째 **기본대칭함수**(k-th elementary symmetric function)이다.

4.2 국소화 (Localization)

(4.2.1) 아티야-보트 국소정리(Atiyah-Bott Localization Theorem)

토러스 $T = (\mathbb{C}^*)^n$가 미분다양체 X에 작용하고, 고정점 집합(fixed point locus)를 $X^T = \bigcup_j Z_i \subset X$, 포함맵 $i_j : Z_j \rightarrow X$, **노말번들**(normal bundle) $N_j \rightarrow Z_j$라 하자.

각 j에 대하여 $N_j \rightarrow Z_j$는 T-벡타번들이고 에쿠이바리안트 오일러류는 $\mathrm{Euler}_T(N_j) \in H_T^*(Z_j)$이다.

포함맵 $i_j : Z_j \rightarrow X$은 T-맵이므로

$$i_j^* : H_T^*(X) \to H_T^*(Z_j)$$

이고, 기신맵(Gysin map)은

$$i_j! : H_T^*(Z_j) \to H_T^*(X)$$

이다. 아티야-보트 국소정리[AB]의 내용은 다음과 같다.

(1) 각 원소 $\alpha \in H_T^*(Z_j)$에 대하여

$i_j^* \circ i_j!(\alpha) = \alpha \cup \mathrm{Euler}_T(N_j)$이다.

(2) 자명맵(trivial map), $c : Z_j \to \mathrm{pt}$은

$$c^* : H_T^*(pt) = H^*(BT) = \mathbb{C}[\lambda_1, \cdots, \lambda_n] \to H_T^*(Z_j)$$

이므로 $H_T^*(Z_j)$는 $H^*(BT)$-모듈이다.

(3) $R_T = \mathbb{C}(\lambda_1, \cdots, \lambda_n)$을 $\mathbb{C}[\lambda_1, \cdots, \lambda_n]$의 **분수체**(field of fraction)이라고 하자.

$H_T^*(Z_j) \otimes R_T$를 **국소화**(localization)라 한다.

$\mathrm{Euler}_T(N_j) \neq 0$이고 $H_T^*(Z_j) \otimes R_T$의 원소이다.

(4) **아티야-보트국소정리**(Atiyah-Bott Localization Theorem) :

위와 같은 상황에서

(i) 맵 : $H_T^*(X) \otimes R_T \longrightarrow \bigoplus_i H_T^*(Z_i) \otimes R_T$,

$$\alpha \mapsto \bigoplus_j \left[\frac{i_j^*(\alpha)}{\mathrm{Euler}_T(N_j)} \right]$$ 은 동형(isomorphism)이다.

(ii) 역맵 : $\bigoplus_i H_T^*(Z_i) \otimes R_T \longrightarrow H_T^*(X) \otimes R_T$,

$$\bigoplus_j \alpha_j \mapsto \sum_j i_j! \,(\alpha_j)$$은 동형이다.

(iii) 각 $\alpha \in H_T^*(X) \otimes R_T$에 대하여

$$\alpha = \sum_j i_j! \left(\frac{i_j^*(\alpha)}{\mathrm{Euler}_T(N_j)} \right)$$이다. ■

(4.2.2) 사영공간의 토러스 작용

토러스 $T = (\mathbb{C}^*)^{n+1}$가 복소사영공간 $\mathbb{P}^n$상에서

$$(t_0, \cdots, t_n) \cdot (z_0, \cdots, z_n) = (t_0^{-1} z_0, \cdots, t_n^{-1} z_n)$$

으로 작용한다고 하자.

또한 T가 $\mathbb{C}^{n+1}$에서

$$(t_0, \cdots, t_n) \cdot (z_0, \cdots, z_n) = (t_0^{-1} z_0, \cdots, t_n^{-1} z_n)$$

으로 작용한다고 하자.

$T \to ET \to BT$를 **유니버샬 T-번들**(universal T-bundle)이라 하자.

(1) T-번들 $\mathbb{P}^n \to \mathrm{pt}$에 대하여 $\mathbb{P}_T^n = \mathbb{P}^n \times_T ET \to \mathrm{pt} \times_T ET = BT$의 파이버는 $\mathbb{P}^n$, T-번들 $\mathbb{C}^{n+1} \to \mathrm{pt}$에 대하여 $E_T := \mathbb{C}_T^{n+1} = \mathbb{C}^{n+1} \times_T ET \to \mathrm{pt} \times_T ET = BT$의 파이버는 $\mathbb{C}^{n+1}$이며, $\mathbb{P}_T^n = \mathbb{P}[\mathcal{O}(-\lambda_0) \oplus \cdots \oplus \mathcal{O}(-\lambda_n)] = \mathbb{P}(E_T^*)$이다. 여기서 E_T^*은 $E_T = \mathcal{O}(\lambda_0) \oplus \cdots \oplus \lambda(\lambda_n)$의 듀알이며, $\mathbb{P}$는 사영화(projectivization)이다.

$\mathcal{O}_{\mathbb{P}_t^n}(1) \to \mathbb{P}_T^n$를 **토토로지칼 라인번들**(tautological line bundle), $p = c_1(\mathcal{O}_{\mathbb{P}_t^n}(1)) \in H_T^2(\mathbb{P}^n)$이라 하자.

p를 **에쿠이바리안트 초공간류**(equivariant hyperplane class)라 한다.

(2) $\mathbb{P}_T^n$상에서 사영번들 $\mathscr{O}_{\mathbb{P}_t^n}(1)^{\oplus n}$, E_T^*의 천류를 고려하면

$$(-p)^n + (-p)^{n-1}c_1(E_T^*) + (-p)^{n-2}c_2(E_T^*) + \cdots + c_n(E_T^*) = 0$$

이다.

$$c_k(E_T^*) = (-1)^k c_k(E_T) = (-1)^k c_k^T(E) = (-1)^k \sigma_k(\lambda_0, \cdots, \lambda_k)$$

이므로 $\prod_{i=1}^{n}(p-\lambda_i) = 0$이다.

따라서 $\mathbb{P}^n$의 에쿠이바리안트 코호몰로지는

$$H_T^*(\mathbb{P}^n) = \frac{\mathbb{C}[p, \lambda_0, \cdots, \lambda_n]}{\left(\prod_{i=0}^{n}(p-\lambda_i)\right)}$$

이다. 만일 $\lambda_i = 0$, $i = 0, \cdots, n$이면

$$H_T^*(\mathbb{P}^n) = \frac{\mathbb{C}[p]}{(p^{n+1})} = H^*(\mathbb{P}^n)$$

은 $\mathbb{P}^n$의 일반 코호몰로지(ordinary cohomology)가 된다.

여기서 $PD(p) = H$는 **호몰로지 초공간류**(homology hyperspace class) 이다.

(3) 토러스 $T = (\mathbb{C}^*)^{n+1}$의 $\mathbb{P}^n$상의 고정점집합은 $(n+1)$개의 점

$$\mathbb{P}^T = \{\mathrm{q_j} = [0, \cdots, 1, \cdots, 0] \mid j-\text{번째만 } 1,\ j = 0, \cdots\ n\}$$

이다.

$(q_j)_T = \mathbb{P}(\mathscr{O}(-\lambda_j))$이므로

$$\mathscr{O}_{\mathbb{P}_t^n}(-1)\big|_{(\mathrm{q_j})_T} = \mathscr{O}(-\lambda_j), \quad \mathscr{O}_{\mathbb{P}_t^n}(1)\big|_{(\mathrm{q_j})_T} = \mathscr{O}(\lambda_j)$$

이고, $i_j^*(p) = \lambda_j,\ j = 0,\ \cdots\ n$가 된다.

(4) T의 $\mathbb{C}^{n+1}$상의 작용은 $\mathbb{C}\mathrm{q_j}$상에서는

$$(t_0,\ \cdots,\ t_n)\mathrm{q_j} = t_j^{-1}\mathrm{q_j}$$

이며, **가중치**(weight)는 $-\lambda_j$이다.

$H_T^*(\mathbb{P}^n)$의 원소는 p의 다항식 $F(p)$이며

계수는 $\mathbb{C}[\lambda_0,\ \cdots, \lambda_n]$에서 가지며, 맵은

$$i_j^* : H_T^*(\mathbb{P}^n) \longrightarrow H_T^*(\mathrm{q_j})$$

$i_j^*(F(p)) = F(\lambda_j),\ j = 0,\ \cdots,\ n$이다.

(5) 고정점 $\mathrm{q_j} \in \mathbb{P}^n$의 **노말번들**(normal bundle)은

$$N_j = T_{\mathrm{q_j}}\mathbb{P}^n = \mathrm{Hom}\left(\mathbb{C}\mathrm{q_j},\ \frac{\mathbb{C}^{n+1}}{\mathbb{C}\mathrm{q_j}}\right)$$

이다.

따라서 T의 N_j에서 표현(representation)의 가중치(weight)는 $\lambda_j - \lambda_k$, $k \neq j$이므로 $\mathrm{Euler_T}(N_j) = \prod_{k \neq j}(\lambda_j - \lambda_k)$이다.

국소동형정리 (4.2.1)의 (4)에 의하여 동형맵은

$$(*)\ \ H_t^*(\mathbb{P}^n) \otimes R_T \longrightarrow \bigoplus_{j=0}^{n} H_T^*(\mathrm{q_j}) \otimes R(T)$$

$$p \mapsto \bigoplus_{j=0}^{n} \frac{\lambda_j}{\prod_{k \neq j}(\lambda_j - \lambda_k)}$$ 로 주어진다.

(6) $\phi_j = \prod_{k \neq j}(p - \lambda_k),\ j = 0,\ \cdots,\ n$라 두면, $i_j^*(p) = \lambda_j$이므로

$$i_k^*(\phi_j) = \begin{cases} \mathrm{Euler}_{\mathrm{T}}(N_j), & k = j \\ 0 & , k \neq j \end{cases}$$ 이다.

정리 (4.2.1), (4)의 (iii)에 의하여

$$\phi_j = \sum_{k=0}^{n} i_k! \left[\frac{i_k^*(\phi_j)}{\prod_{l \neq k}(\lambda_k - \lambda_l)} \right] = i_j! \left[\frac{i_j^*(\phi_j)}{\prod_{l \neq j}(\lambda_j - \lambda_l)} \right] = i_j!(1)$$

이다.

$$H_T^*(\mathrm{q_j}) = \mathbb{C}[\lambda_0, \cdots, \lambda_n],\ i_j!\left[i_j^*(\alpha) \cup 1 \right] = \alpha \cup i_j!(1)$$

이므로, 동형맵 $(*)$의 역맵은

(ii) $\bigoplus_{j=0}^{n} H_T^*(\mathrm{q_j}) \otimes R(T) \to H_T^*(\mathbb{P}^n) \otimes R_T$

$$\bigoplus_j \alpha_j \mapsto \sum_{j=0}^{n} \alpha_j \cup \phi_j = \sum_{j=0}^{n} \alpha_j \cdot \phi_j$$ 이다.

따라서 $H_T^*(X) \otimes R_T$는 R_T-벡타공간으로서 기저는 $\{\phi_0, \cdots, \phi_n\}$ 이다.

(7) (6)에 의하여 임의의 원소 $F(p) \in H_T^*(\mathbb{P}^n) \otimes R_T$는 $R_T = \mathbb{C}[\lambda_0, \cdots, \lambda_n]$에서 계수를 갖는 p의 다항식이다.

국소동형정리 (4.2.1)(4)에 의하여 **항등식**(identity)

$$F(p) = \sum_{j=0}^{n} F(\lambda_j) \frac{\prod_{k \neq j}(p - \lambda_k)}{\prod_{k \neq j}(\lambda_j - \lambda_k)}$$

을 얻는다.

(4.2.3) 에쿠이바리안트적분(Equivariant Intergral)

X가 T-공간, 상수맵 $X \longrightarrow \mathrm{pt}$에 대하여

$$\pi_T : X_T = X \times_T ET \longrightarrow \mathrm{pt} \times_T ET = BT$$

는 파이버가 X인 파이버번들이다.

(1) 기신맵 $\pi_T ! := \int_{X_T} : H_T^*(X) \to H^{* - 2\dim X}(BT)$은 파이버 X를 따라 적분이다.

이를 **에쿠이바리안트적분**(equivariant integral)이라 한다.

(2) 각 원소 $\alpha \in H_T^*(X) \otimes R_T$에 대하여 국소동형정리(4.2.1), (4)에 의하여

$$\int_{X_T} \alpha = \sum_j \int_{(Z_j)_T} \left(\frac{i_j^*(\alpha)}{\mathrm{Euler}_T(N_j)} \right)$$

이다.

(ⅰ) 여기서 **국소화**(localization) 의미는 코호몰로지류를 고정집합성분으로 에쿠이바리안트제한(restriction)하고 그 성분의 에쿠이바리안트 노말번들의 오일러류로 나눈 것(dividing)을 의미한다. 즉, α의 국소화는 $\dfrac{i_j^*(\alpha)}{\mathrm{Euler}_T(N_j)}$이다.

(ⅱ) (2)의 의미는 에쿠이바리안트 적분은 고정점으로 국소화한 것을 고정점에서 에쿠이바리안트 적분의 합으로 줄일 수 있음을 의미한다.

(4.2.4) 오비폴드의 에쿠이바리안트적분

X를 복소사영버라이어티라 하자. 버라이어티는 일반적으로 **오비폴드**(orbifold)이다. 즉, 열린집합 $U \subset \mathbb{C}^n$, 유한군 $H \subset GL(n, \mathbb{C})$가 존재하여 X가 국소적으로 U/H와 복소동형이다.

(1) 토러스 T가 X상에 작용하고 고정점 집합 $X^T = \bigcup_j Z_j$, $i_j : Z_j \to X$를 포함맵이라 하자.

각 원소 $\alpha \in H_T^*(X) \otimes R_T$에 대하여

$$\int_{X_T} \alpha = \sum_j \int_{(Z_j)_T} \frac{i_j^*(\alpha)}{\alpha_i \cdot \mathrm{Euler}_{\mathrm{T}}(\mathrm{N_j})},$$

여기서 $\alpha_i = |H|$는 유한군 H의 갯수이다.

(2) $E \to X$를 에쿠이바리안트 T-벡타번들(간략히 T-벡타번들), $P(c_k(E))$를 E의 천류의 다항식이라 하자.

(ⅰ) 다이아그램

$$\begin{array}{ccccccc} X & \xrightarrow{i_X} & X_T & & H^*(X) & \xleftarrow{i_X^*} & H_T^*(X) \\ \downarrow & & \downarrow & & \downarrow \int_X & & \downarrow \int_{X_T} \\ \mathrm{pt} & \xrightarrow{i_{\mathrm{pt}}} & BT & , & H^*(\mathrm{pt}) & \xleftarrow{i_{\mathrm{pt}}^*} & H^*(BT) \end{array}$$

은 교환이므로 $i_{\mathrm{pt}}^* \circ \int_{X_T} = \int_X \circ i_X^*$이고

$$i_{\mathrm{pt}}^* \int_{X_T} P(c_k^T(E)) = \int_X i_X^*(P(c_k^T(E))) = \int_X P(c_k(E))$$

이다. 에쿠이바리안트적분 $\int_{X_T} P\left(c_k^T(E)\right)$은 국소동형 정리에 의하여 고정점 집합 X^T상에서 구할 수 있다.

(ii) $X^T = \{Z_j\}$을 유한개의 점이라 하자.

각 점 $Z_j \in X^T \subset X$에 대하여 E의 제한

$$E\big|_{Z_j} = \chi_j^1 \oplus \cdots \oplus \chi_j^s$$

는 T의 특성(character)의 합이다. 여기서 χ_j^k는 **기본특성**(basic character) $\rho_1, \cdots, \rho_n$의 선형합(linear combination)

$$\chi_j^k = l_j^k(\rho_1, \cdots, \rho_n) = l_j^k(\rho)$$

이다.

만일 ρ_i의 가중치를 λ_i라 하면, χ_j^k의 가중치는 $l_j^k(\lambda)$이다.

따라서 $E|_{Z_j}$에서 T작용의 가중치는 $l_j^1(\lambda) \cdots l_j^s(\lambda)$이고

$i_j^*\left(c_k^T(E)\right) = c_k^T\left(E|_{Z_j}\right) = \sigma_k\left(l_j^1(\lambda), \cdots, l_j^s(\lambda)\right)$이다.

X의 점 Z_j의 노말번들 $N_j = T_{Z_j}X$은 접공간이다. 만일 $T_{Z_j}X$에서 T-작용의 특성이 $t_j^1(\rho), \cdots t_j^n(\rho)$이면 $\mathrm{Euler}_T(N_j) = \prod_k t_j^k(\lambda)$이다.

(4.2.5) 정리

X를 T-공간, $X^T = \{Z_j\}$ 유한개의 고정점 집합 그리고 $E \to X$를 에쿠이바리안트 T-벡타번들이라 하자.

만일 $P(c_k(E))$가 E의 천류의 다항식이면

$$\int_X P(c_k(E)) = \sum_j \frac{P\left[\sigma_k\left(l_j^1(\lambda),\ \cdots,\ l_j^s(\lambda)\right)\right]}{\prod_k t_j^k(\lambda)}$$

이다. 여기서 σ_k는 k-번째 기본대칭함수(elementary symmetric function)이다. ■

주의 위의 정리를 오비폴드로 확장할 수 있다.
이때 (4.2.4) (1)에서와 같이 각 노말번들 작용하는 유한군의 갯수를 고려해야 한다.

4.3 에쿠이바리안트 글로모브-위튼불변량 (Equivariant Gromov-Witten Invariant)

제2장에서 글로모브-위튼불변량을 배웠다. 칼라비-야우다양체는 주로 복소사영공간의 부분공간이다. 군이 다양체에 작용하면 모듀라이공간에 작용한다. 본 섹션에서는 퀸틱3-폴드에서 에쿠이바리안트 글로모브-위튼불변량을 소개하자. 이는 거울대칭정리에 적용된다.
디그리 5(degree 5) 라인번들 $\mathcal{O}_{\mathbb{P}^4}(5) \to \mathbb{P}^4$의 일반섹션(generic section)을 s라 하면, 제로집합 $s^{-1}(0) := V \subset \mathbb{P}^4$은 **퀸틱3-폴드** (quintic 3-fold)가 된다.
$l \subset V$을 라인, $H_2(V, \mathbb{Z}) = < l > \simeq H_2(\mathbb{P}^4, \mathbb{Z}) = \mathbb{Z},\ dl \mapsto d$라 하자.

(4.3.1) 퀸틱3-폴드의 모듈라이 공간

(1) 맵 $i : \overline{\mathscr{M}}_{0,0}(V, dl) \hookrightarrow \overline{\mathscr{M}}_{0,0}(\mathbb{P}^4, d)$,

$$[u : C \to V] \mapsto [j \circ u : C \to V \hookrightarrow \mathbb{P}^4]$$

은 **매장**(embedding)이다. 여기서 $j : V \to \mathbb{P}^4$는 포함맵이다.
각 원소 $[u : C \to \mathbb{P}^4] \in \overline{\mathscr{M}}_{0,0}(\mathbb{P}^4, d)$의 파이버가
$H^0(C, u^* \mathscr{O}_{\mathbb{P}^4}(5)) \simeq \mathbb{C}^{5d+1}$인 벡타번들을

$$\mathcal{V}_d \to \overline{\mathscr{M}}_{0,0}(\mathbb{P}^4, d)$$

라 두면, $\mathcal{V}_d$의 랭크(rank)는 $\dim[H^0(C, u^* \mathscr{O}_{\mathbb{P}^4}(5))] = 5d+1$이며, $\dim \overline{\mathscr{M}}_{0,0}(\mathbb{P}^4, d) = 5d+1$이다.
번들 $\mathscr{O}_{\mathbb{P}^4}(5) \to \mathbb{P}^4$의 일반섹션 s는 번들 $\mathcal{V}_d \to \overline{\mathscr{M}}_{0,0}(\mathbb{P}^4, d)$ 상의 섹션, $\tilde{s} : u \mapsto s \circ u$를 결정하고,
$s^{-1}(0) = V$이고 $(\tilde{s})^{-1}(0) = \overline{\mathscr{M}}_{0,0}(V, dl)$이다.
글로모브-위튼불변량은 $< \Phi_{0,0,dl} > = \# \overline{\mathscr{M}}_{0,0}(V, dl)$
$= \int_{\overline{\mathscr{M}}_{0,0}(\mathbb{P}^4, d)} c_{5d+1}(\mathcal{V}_d) =$ 오일러지표$[\mathcal{V}_d \to \overline{\mathscr{M}}_{0,0}(\mathbb{P}^4, dl)]$.

(2) $\mathbb{P}^4$는 $\mathbb{C}^5$에서 원점을 지나는 라인들의 **글라스만공간**(Grassmann space) $G(1, 5)$이고, $G(2, 5)$는 $\mathbb{C}^5$에서 원점을 지나는 평면들의 공간이며, $\mathbb{P}^4$에서 라인 l들의 공간이다. **토토로지컬번들**(tautological bundle)

$$\mathbb{C}^2 \to \mathscr{U} \to G(2, 5)$$

의 랭크는 2이고, 원소 $l \in G(2, 5)$의 파이버는 $\mathscr{U}_l \simeq \mathbb{C}^2$이다.

(1)에서 $d=1$이면 벡타번들 $\mathcal{V}_1 \to \overline{\mathcal{M}}_{0,0}(\mathbb{P}^4, 1)$은 랭크 6이고, 일반섹션 $\tilde{s}$의 제로집합은

$$\tilde{s}^{-1}(0) = \overline{\mathcal{M}}_{0,0}(V, l) \subset \overline{\mathcal{M}}_{0,0}(\mathbb{P}^4, 1) = G(2, 5)$$

이다. 글로모브-위튼불변량은

$$< \Phi_{0,0,1} > = \int_{G(2,5)} c_6(\mathcal{V}_1) = \int_{\overline{\mathcal{M}}_{0,0}(V,l)} 1$$
$$= \# \overline{\mathcal{M}}_{0,0}(V, l)$$

이다.

(3) 토러스 $T=(\mathbb{C}^*)^5$가 $\mathbb{C}^5$에서

$$(\lambda_1, \cdots, \lambda_5) \cdot (z_1, \cdots, z_5) = (\lambda_1^{-1} z_1, \cdots, \lambda_5^{-1} z_5)$$

로 작용하면, $G(2, 5)$에도 작용하고 고정점집합은

$G(2, 5)^T = \{L_I \mid I \subset \{1, \cdots, 5\}, |I| = 2\}$이다.

여기서 $L_I = \{[z_1, \cdots z_5] \mid z_i = 0, i \not\in I\} \simeq \mathbb{C}^2$이고

고정점수는 $|G(2, 5)^T| = {}_5\mathrm{C}_2 = 10$이다.

$G(2, 5)$에서 점 L_I의 노말번들은 L_I의 접공간

$$T_{L_I} G(2, 5) = \mathrm{Hom}\left(L_I, \frac{\mathbb{C}^5}{L_I}\right)$$

이다.

글라스만 $G(2, 5)$의 접번들은 $TG(2, 5) = \mathrm{Hom}\left(U, \frac{\mathbb{C}^5}{U}\right)$이다. 여기서 U는 **유니버살번들**(universal bundle)이고 $U|_{L_I}$의 특성은 $-\rho_i$ $(i \in I)$이다.

따라서 접공간 $T_{L_I}G(2, 5)$에서 T작용의 특성은

$$\{\rho_i - \rho_j \mid i \in I,\ j \not\in I\}$$

이고, 에쿠이바리안트 오일러류는 $\prod_{\substack{i\in I \\ j \not\in I}}(\lambda_i - \lambda_j)$이다.

포함맵 $i_I : \{L_I\} \to G(2, 5)$과 $u^* \mid_{L_I}$의 특성 $\{\rho_i \mid i \in I\}$에 대하여 에쿠이바리안트 오일러류는

$$\mathrm{Euler}(i_I^* (\mathcal{V}_1)) = \prod_{\mu=0}^{5}\left(\mu\lambda_{i_1} + (5-\mu)\lambda_{i_2}\right)$$

다. 여기서 $I = \{i_1, i_2\}$이다.

(4) 위와 같은 상황에서 정리 (4.2.5)에 의하여

(i) 만일 $I = \{i_1, i_2\}$이면

$$\mathrm{Euler}[i_I^* (\mathcal{V}_1)] = \prod_{\mu=0}^{5}\left[\mu\lambda_{0_i} + (5-\mu)\lambda_{i_2}\right].$$

(ii) $$\int_{\overline{\mathcal{M}}_{0,0}(\mathbb{P}^4,\, l)} c_6(\mathcal{V}_1) = \sum_{|I|=2} \frac{\prod_{\mu=0}^{5}\left(\mu\lambda_{i_1} - (5-\mu)\lambda_{i_2}\right)}{\prod_{i\in I}\prod_{j\not\in I}(\lambda_i - \lambda_j)}$$

$= \# \overline{\mathcal{M}}_{0,0}(V, l) = 2871 = n_1$(인스탄톤수)이다.

(4.3.2) 인스탄톤수(Instanton Number)

(1) 복소사영버라이어티 X가 **볼록**(convex)이란 모든 안정유리맵(stable rational map) $u : C \longrightarrow X$에 대하여 $H^1(C, u^* TX) = 0$일 때이다. 여기서 C는 지너스 0 커브다.

(i) X가 볼록이면 일종의 코시리만 연산자인 $\overline{\partial_J}$의 미분이 전사로서 **방해**(obstruction)이 없고, 모듀라이공간 $\overline{\mathscr{M}}_{0,n}(X, \beta)$는 $(2c_1(TX)\beta + \dim X - 3 + n)$-차원 오비폴드가 된다. 그렇지 않으면 연산자를 변형하여 전사가 되게 하여 **실모듀라이공간**(virtual moduli space)을 구해야 한다.

(ii) 리군(Lie group) G가 볼록버라이어티 X상에 작용하면 G는 모듀라이공간 $\overline{\mathscr{M}}_{0,n}(X, \beta)$에 작용한다.

즉, $g \in G$, $u \in \overline{\mathscr{M}}_{0,n}(X, \beta)$이면 작용은 $g \bullet u = g \circ u$이다.

(2) **이벨류에이션맵**(evaluation map) $e_i : \overline{\mathscr{M}}_{0,n}(X, \beta) \to X$,

$$e_i[u : (C, p_1, \cdots, p_n) \to X] = u(p_i),$$

$$i = 1, \cdots, n$$

에 대하여, 글로모브-위튼불변량은

$$< \Phi_{0,n,\beta} > : H^*(X^n, \mathbb{C}) \to \mathbb{C},$$

$$< \Phi_{0,n,\beta} > (\alpha_1 \otimes \cdots \otimes \alpha_n) = \int_{\overline{\mathscr{M}}_{0,n}(X,\beta)} e_1^*(\alpha_1) \cup \cdots \cup e_n^*(\alpha_n)$$

이며, 이벨류에이션맵 $e_i : \overline{\mathscr{M}}_{0,n}(X, \beta) \to X$는 G-맵이다. 따라서

$$e_i^* : H_G^*(X) \to H_G^*\left(\overline{\mathscr{M}}_{0,n}(X, \beta)\right)$$

는 에쿠이바리안트 G-맵이다.

이벨류에이션맵은 각 원소

$$[u : (C, p_1, \cdots, p_n) \to X] \in \overline{\mathscr{M}}_{0,n}(X, \beta)$$

에 대하여

$$e[u, (C, p_1, \cdots, p_n)] = (u(p_1), \cdots, u(p_n))$$

$$= (e_1(u), \cdots, e_n(u)) \in X^n$$

이다.

(3) 복소사영버라이어티 X가 볼록일 때 **에쿠이바리안트 G-적분** (equivariant G-integral)은

$$\int_{\overline{\mathscr{M}}_{0,n}(X,\beta)_G} : H_G^*(\overline{\mathscr{M}}_{0,n}(X,\beta)) \to H^*(BG)$$

로 정의하고, 코호몰로지류 $\alpha_1, \cdots, \alpha_n \in H_G^*(X)$에 대하여 지너스 0 **에쿠이바리안트 글로모브-위튼불변량**(genus 0 equivariant Gromov-Witten invariant)는

$$\begin{aligned} &< \Phi_{0,n,\beta} >_G (\alpha_1 \otimes \cdots \otimes \alpha_n) \\ &= \int_{\overline{\mathscr{M}}_{0,n}(X,\beta)_G} e_1^*(\alpha_1) \cup \cdots \cup e_n^*(\alpha_n) \in H^*(BG) \end{aligned}$$

로 정의한다.

(ⅰ) $i_{\mathrm{pt}} : \mathrm{pt} \to BG = \mathrm{pt} \times_G EG$, $i_X : X \to X_G$은 포함맵이므로, 코호몰로지에서 포갯맵

$$i_{\mathrm{pt}*} : H^*(BG) \to H^*(\mathrm{pt}) = \mathbb{C},$$

$$i_X^* : H_G^*(X) \to H^*(X)\text{이고,}$$

불변량에서는 $i_{\mathrm{pt}*}[< \Phi_{0,n,\beta} >_G (\alpha_1 \otimes \cdots \otimes \alpha_n)] = < \Phi_{0,n,\beta} >$ 이다. 즉,

$$\begin{array}{ccc} H_G^*(X^n) & \xrightarrow{< \Phi_{0,n,\beta} >_G} & H^*(BG) = H_G^*(\mathrm{pt}) \\ \downarrow i_X^* & & \downarrow i_{\mathrm{pt}*} \\ H^*(X^n) & \xrightarrow{< \Phi_{0,n,\beta} >} & H^*(\mathrm{pt}) = \mathbb{C} \end{array}$$

는 교환이다.

따라서 에쿠이바리안트 글로모브-위튼불변량이 글로모브-위튼불변량보다 많은 정보를 가지고 있다.

(ii) 에쿠이바리안트 G-벡타번들 $E \to X$에 대하여 일반섹션(generic section) s의 제로집합을 $s^{-1}(0) = Y$라 하자. 다이아그램

$$\begin{array}{ccc} E & \longrightarrow & X \\ \uparrow & & \uparrow i \\ E|_Y & \longrightarrow & Y \end{array}$$

을 이용하여, 에쿠이바리안트 글로모브-위튼불변량과 글로모브-위튼불변량을 계산할 수 있다.

(4) 벡타번들 $\mathcal{V} = \mathcal{O}_{\mathbb{P}^4}(5) \to \mathbb{P}^4$의 일반섹션의 제로집합 $V \subset \mathbb{P}^4$는 퀸틱3-폴드(quintic threefold)이다.

앞에서와 같이 각 점 $[u : C \to \mathbb{P}^4] \in \overline{\mathcal{M}}_{0,0}(\mathbb{P}^4, d)$에서 파이버가 $H^0(C, u^* \mathcal{O}_{\mathbb{P}^4}(5)) = \mathbb{C}^{5d+1}$인 벡타번들

$$\mathcal{V}_d \longrightarrow \overline{\mathcal{M}}_{0,0}(\mathbb{P}^4, d)$$

은 토러스 $T = (\mathbb{C}^*)^5$-작용을 갖는다.

글로모브-위튼불변량은

$$N_d = < \Phi_{0,0,d} > = \int_{\overline{\mathcal{M}}_{0,0}(\mathbb{P}^4, d)} \mathrm{Euler}(\mathcal{V}_d) \in H^*(\mathrm{pt}) = \mathbb{C}$$

에쿠이바리안트 글로모프-위튼불변량은

$$< \Phi_{0,0,d} >_T = \int_{\overline{\mathcal{M}}_{0,0}(\mathbb{P}^4, d)} \mathrm{Euler}(\mathcal{V}_d) \in H^*(BT)$$

이다. 거울대칭을 이용하여 계산한다.

예를 들면: 인스탄톤수는

$$N_4 = n_1 4^{-3} + n_2 2^{-3} + n_4 = \frac{1}{64} \cdot (15517926796875),$$

$n_1 = 2875$, $n_2 = 609250$, $n_4 = 242467530000$이다.

Chapter 05 거울대칭 (Mirror Symmetry)

거시적으로 우주는 어떻게 태동했으며, 팽창, 비틀림, 회전하는지를 알기 위하여 에너지, 곡률, 중력, 일반상대성을 고려한 입자 및 초끈이론으로부터 **빅뱅이론**(big bang theory)을 탄생시켰다.
미시적으로는 전자, 강원자, 약원자에 관한 양자역학과 초끈이론을 결합하여 연구하는데 여기에는 대칭성이 자연스럽게 존재한다. 우주는 미시적으로 칼라비-야우공간이 가장 적합하며, 여기에는 **거울대칭성**(mirror symmetry)이 있다. 어려운 문제에 봉착하면 대응되는 거울대칭공간으로부터 풀리기도 한다. 따라서 거울대칭이론으로 우주를 보다 잘 이해할 수 있다.

5.1 거울대칭의 태동(Beginning of Mirror Symmetry)

우주(universe)는 10-차원 다양체(10-dimensional manifold)로서 국소적으로 우리가 사는 4-차원 다양체 M과 육안으로 볼 수 없는 6차원 다양체 V의 곱 $M\times V$으로 되어있다고 생각한다.
4-차원 다양체 M은 **특수상대성**(special relativity)을 갖는 시공간(space-time)이고, 6-차원 다양체는 작은 공간으로서 육안으로는 관찰할 수 없지만 **양자역학**(quantum mechanics)이 적합한 공간이다.
10-차원 공간 $M\times V$가 **양자화**(quantization)에 적합하며 V에는 방향에 따라 정해지는 거울대칭성이 있다. 거울대칭성을 갖도록 6-차원 다양체 V에 조건을 부여한다. 즉,「V는 복소구조 J와 양립하는

메트리 g, 그의 **홀로노미군**(holonomy group)이 $SU(3)$의 부분군을 갖은 3-차원 복소다양체다.」

V의 수학적 성질은 다음과 같다.

(1) (V, g, J)의 리치텐서 $\mathrm{Ric}_{g} \equiv 0$이다.

(2) (V, g, J)는 켈러다양체, $c_1(TV) = 0$, $b_1(V) = 0$이다.

(3) V의 케노니칼번들(canonical bundle) $K_V = \Omega^3(V) \simeq \mathscr{O}_V$이 자명(trivial)이다.

(4) V는 칼라비-야우 3-폴드(Calabi-Yau threefold)다.

(5.1.1) 초닮음장이론모듀라이 공간(SCFT-Moduli Space)

입자이론(particle theory)는 입자가 시간에 따라 측지선(geodesic)이 되고, 측지선 다발의 변화를 통해 현상을 이해하고자 하는데 보존(boson)이 페르미온(fermion)으로 변할 때 특이점(singularity) 같은 문제가 발생하는데 반해, **끈이론**(string theory)는 끈이 시간에 따라 최소곡면(minimal surface)이 되며 특이점이 발생하지 않으며, 초대칭(supersymmetry), 초닮음(superconformal)이 있어 **초닮음장이론**(super conformal field theory: SCFT)의 장을 열었다.

초끈이론(superstring theory)은 타입Ⅰ, 타입ⅡA, 타입ⅡB, 헤테로틱 타입(heterotic type) 4가지가 있다. **헤테로틱 끈이론**(heterotic string theory)에 가장 관심있으며 이를 $N=2$ SCFT라 한다. 왜냐하면 보존(boson)이 페르미온(fermion)으로 분리할 때 좌우운동으로 2개의 초대칭(super symmetry)이 생기고, 좌우각각 2개의 운동이 있어 (2, 2)-이론이라고 한다. $N=2$ **초닮음대수**(superconformal algebra)는 좌측의 $u(1)$ 대수와 우측의 $u(1)$ 대수가 있어 $u(1) \times u(1)$ 초닮음대

수 구조가 있다. 여기서 운동방향에 따라서 $u(1) \simeq \mathbb{R}^1$의 생성원(generator)의 부호가 변한다. 초닮음대수 $u(1) \times u(1)$의 생성원을 (P, Q)라 하자.

다양체상의 힐버트공간(Hilbert space)에서 (P, Q)는 연산자(operator)로 간주한다.

(1) (V, ω)를 칼라비-야우 3-폴드(Calabi-Yau threefold)라 하고 $\omega = c + i\omega_0$는 **복소켈러류**(complexified Kähler class), 여기서 $c, \omega_0 \in H^2(V, \mathbb{R})$, ω_0는 켈러류(Kähler class)다.

V의 미분폼(differentiable form)의 힐버트공간에서 초닮음대수 $u(1) \times u(1)$ 표현(representation)의 연산자 (P, Q)와 정수 $p, q \geq 0$에 대하여 (p, q)-**고유공간**(eigenspace)$\simeq H^q(V, \Lambda^p TV)$,

$(-p, q)$-고유공간$\simeq H^p(V, \Omega^p V)$라 하자.

여기서 p와 $-p$는 $u(1)$의 생성원의 부호(sign) 선택이다.

이들 중에서 $(1, 1)$과 $(-1, 1)$ 고유공간이 중요하다.

왜냐하면 $H^1(V, TV)$는 V의 복소구조의 **복소모듀라이공간**(complex moduli space)의 접공간(tangent space)이고, $H^1(V, \Omega^1 V)$는 복소켈러구조의 (복소)**켈러모듀라이공간**(complexified Kähler moduli space)의 접공간이기 때문이다. 관계를 알아보자.

주의 (i) 복소구조는 $\left[J : T_{\mathbb{C}} V \to T_{\mathbb{C}} V : J^2 = -I\right] / \sim$
$\simeq \left[J \in T_{\mathbb{C}}^* V \otimes T_{\mathbb{C}} V \mid J^2 = -I\right] / \sim \dot{\simeq}.\, H^1(V, T_{\mathbb{C}} V)$이다.

(ii) 복소켈러구조는 $\left[\omega : T_{\mathbb{C}} V \times T_{\mathbb{C}} V \to \mathbb{C} \mid \omega^3 \neq 0\right] / \sim$
$= \left[\omega : T_{\mathbb{C}} V \to T_{\mathbb{C}}^* V \mid \omega^3 \neq 0\right] / \sim \dot{\simeq}.\, H^1(V, \Omega^1 V)$이다.

(iii) $(V,\ g,\ J,\ \omega)$가 칼라비-야우 3-폴드라 하면

$$g(J\cdot\,,\ \cdot\,)=\omega(\,\cdot\,,\ \cdot\,),\ \omega(\,\cdot\,,J\cdot\,)=g(\,\cdot\,,\ \cdot\,)$$

로서 $(g,\ J,\ \omega)$는 양립한다.

V의 SCFT-모듈라이는 V의 복수모듀라이공간 $Cm(V)$와 V의 복소켈러모듀라이공간 $Km(V)$으로 구성되어 있으나 둘의 곱(product)는 아니다.

(2) $N=2$ 초닮음대수 $u(1)\times u(1)$의 생성원 $(P,\ Q)$는 좌측운동의 방향에 따라 $(P,\ Q)$가 $(-P,\ Q)$으로 변한다. 이때 $(P,\ Q)$ 고유공간은 $H^q(V,\ \Lambda^p TV)$이고 $(-P,\ Q)$ 고유공간은 $H^q(V,\ \Omega^p V)$이다. 일반적으로 $\dim H^q(V,\ \Lambda^p TV)\neq \dim H^q(V,\ \Omega^p V)$이므로 같은 칼라비-야우다양체에서 일어날 수 없는 현상이다. 따라서 다른 칼라비-야우다양체 $(V^0,\ \omega^0,\ J^0)$가 존재하여

$$H^q(V,\ \Lambda^p TV)\simeq H^q(V^0,\ \Omega^p V^0),$$
$$H^q(V,\ \Omega^p V)\simeq H^q(V^0,\ \Lambda^p TV^0)$$

을 만족한다.

정의 위와 같은 동형을 만족하는 칼라비-야우다양체 $(V,\ \omega,\ J)$와 $(V^0,\ \omega^0,\ J^0)$를 **거울쌍**(mirror pair)라 한다.

(3) 칼라비-야우 3-폴드 V와 V^0는 정의에 의하여 모든 곳에서 0이 아닌 **홀로몰픽** 3-**폼**(nonvanishing holomorphic 3-form)을 갖는다.

(i) $H^q(V,\ \Lambda^p TV)\simeq H^q(V,\ \Omega^{3-p} V),$

$H^q(V^0,\ \Lambda^p TV^0)\simeq H^q(V^0,\ \Omega^{3-p} V^0).$

(ii) $H^q(V,\ \Omega^{3-p} V)=H^{3-p,\,q}(V)\simeq H^q(V^0,\ \Omega^p V^0)=H^{p,\,q}(V^0).$

(iii) $H^q(V,\ \Omega^p V) = H^{p,\,q}(V) \simeq H^q(V^0,\ \Omega^{3-p} V^0) = H^{3-p,\,q}(V^0)$.

V의 **호지수**(Hodge number) $h^{p,\,q}(V) := \dim H^{p,\,q}(V)$는 **호지대칭**(Hodge symmetry)와 **세레듀알**(Serre dual)에 의하여

(iv) $h^{p,\,q}(V) = h^{q,\,p}(V) = h^{3-p,\,3-q}(V) = h^{3-q,\,3-p}(V)$

V가 **퀸틱3-폴드**(quintic threefold)이므로

(v) $h^{1,\,0}(V) = h^{0,\,1}(V) = 0,\ h^{3,\,0}(V) = h^{0,\,3}(V) = 1,$

$h^{2,\,0}(V) = h^{0,\,2}(V) = 0,\ h^{1,\,1}(V) = h^{2,\,2}(V) = 1,$

$h^{2,\,1}(V) = h^{1,\,2}(V) = 101.$

V^0가 V의 거울대칭공간이면, V^0도 칼라비-야우 3-폴드이므로

(vi) $h^{1,\,2}(V^0) = h^{2,\,1}(V^0) = 1,\ h^{1,\,1}(V^0) = h^{2,\,2}(V^0) = 101.$

(4) V가 퀸틱3-폴드이고, V^0가 V의 거울대칭공간이면 **호지다이아몬드**(Hodge diamond)는 다음과 같다.

<table>
<tr><td align="center">1
0   0
0   1   0
1   101 • 101   1
0   1   0
0   0
1</td><td align="center">$\simeq$</td><td align="center">1
0   0
0   101   0
1   1 • 1   1
0   101   0
0   0
1</td></tr>
<tr><td align="center">V의 호지다이아몬드</td><td></td><td align="center">V^0의 호지다이아몬드</td></tr>
</table>

위 그림에서 V^0의 호지다이아몬드는 V의 호지다이아몬드를 대각선 (45° 도선, $y=x$선)으로 **반사**(reflection)한 것이다. 이와 같은 이유로 **거울대칭**(mirror symmetry)이란 용어가 나왔다.

(5) $(V,\ \omega,\ J)$와 $(V^0,\ \omega^0,\ J^0)$가 거울쌍이면

(i) $H^1(V,\ TV) \simeq H^1(V^0,\ \Omega^1 V^0)$와

$H^1(V,\ \Omega^1 V) \simeq H^1(V^0,\ TV^0)$는 동형이다.

(ii) V의 복소모듈라이공간과 V^0의 켈러모듈라이공간은 국소적으로 동형이고, V의 켈러모듈라이공간의 접공간과 V^0의 복소모듈라이공간의 접공간이 동형이다.

(iii) 따라서 V의 복소모듈라이공간 $Cm(V)$은 V^0의 켈러모듈라이공간 $Km(V^0)$이 **국소미분동형**(local diffeomorphism)이고, V의 켈러모듈라이공간 $Km(V)$와 V^0의 복소모듈라이공간 $Cm(V^0)$는 국소미분동형이다.

(iv) 거울쌍 $(V,\ V^0)$에 대하여, 동형 (i), (ii), (iii)을 통털어 **거울맵**(mirror map)이라 한다.

(V, ω, J)와 (V^0, ω^0, J^0)의 SCFT-**모듈라이공간**(SCFT-moduli space)은 대칭이다.

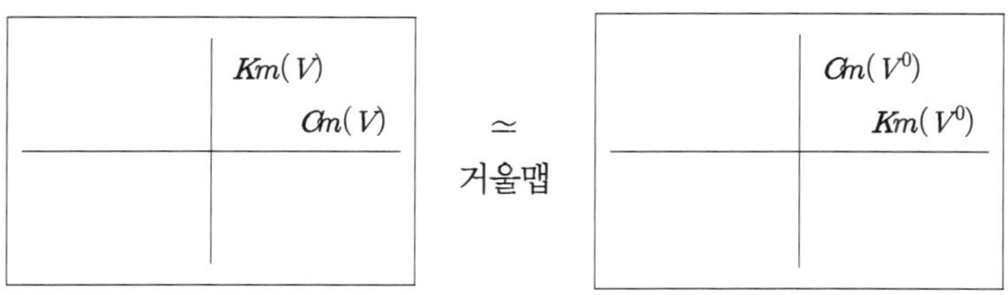

$(V,\ \omega,\ J)$의 SCFT-모듈라이 $(V^0,\ \omega^0,\ J^0)$의 SCFT-모듈라이

(6) 거울쌍 $(V,\ \omega,\ J)$와 $(V^0,\ \omega^0,\ J^0)$에 대하여,

(i) V에서 복소구조 J을 고정하고 복소켈러구조 $\omega \in Km(V)$에서 변화시키면 거울맵에 의하여 V^0에서 ω^0를 고정하고 $J^0 \in Cm(V^0)$에서 변한다. 다른 한편으로 V에서 ω를 고정하고

$J \in \mathcal{C}m(V)$를 변화시키면 V^0상에서 J^0를 고정하고 $\omega^0 \in Km(V^0)$가 변화한다.

(ii) SCFT에서 초닮음대수 $u(1) \times u(1)$의 생성원 (P, Q)를 $(-P, Q)$로 변화하면, 거울맵에 의하여 (P, Q)는 $H^q(V, \Omega^p V)$을 대응하고, $(-P, Q)$는 $H^q(V^0, \Lambda^p TV^0)$을 대응시킨다.

(iii) V에서 $Km(V)$의 켈러구조변화로서 생성되는 A-모델상관함수, 글로모브-위튼불변량, 인스탄톤수와 V^0에서 $\mathcal{C}m(V^0)$의 복소구조 변화로 생성되는 B-모델상관함수를 거울맵으로 연결하여 인스탄톤수를 B-모델상관함수로 구하는 것이 거울대칭(mirror symmetry)의 주요 목표 중 하나이다.

5.2 유카와결합 (Yukawa Coupling)

칼라비-야우 3-폴드 (V, ω, J)의 SCFT모듀라이는 켈러모듀라이와 복소모듀라이로 구성되어 있으며, 각각의 접공간은 $H^1(V, \Omega^1 V)$와 $H^1(V, TV)$이다.

(1) $H^1(V, \Omega^1 V)$에서 **유카와결합**(Yukawa coupling)은 각 원소 $\omega_i \in H^1(V, \Omega^1 V)$, $i = 1, 2, 3$에 대하여

$$< \omega_1, \omega_2, \omega_3 >$$

$$= \int_V \omega_1 \cup \omega_2 \cup \omega_3 + \sum_{\substack{\beta \in H_2(V, \mathbb{Z}) \\ \beta \neq 0}} n_\beta \int_\beta \omega_1 \int_\beta \omega_2 \int_\beta \omega_3 \frac{e^{2\pi i \int_\beta \omega}}{1 - e^{2\pi i \int_\beta \omega}}$$

로 정의한다. 여기서 n_β는 β를 나타내는 **유리홀로몰픽 커브수**(rational holomorphic curve number), 혹은 **인스탄톤수**(instanton number)라 한다.

유카와결합은 복소구조 J와는 독립이나, 복소켈러구조 ω에 의존한다. $H^1(V, \Omega^1 V)$에서 유카와결합을 A-**모델상관함수**(A-model correlation function)이라 한다.

(i) 유카와결합에서 $\int_V \omega_1 \cup \omega_2 \cup \omega_3$는 **컵곱**(cup product)이고 양자상관관계(quantum correlation)는 없다.

(ii) $\beta \neq 0$일 때 β를 나타내는 홀로몰픽커브에 의하여 정해지는, 즉 **양자상관관계**(quantum correlation)로 나타나는, 홀로몰픽 인스탄톤

$$\sum_{\beta \neq 0} n_\beta \int_\beta \omega_1 \int_\beta \omega_2 \int_\beta \omega_2 \frac{e^{2\pi i \int_\beta \omega}}{1 - e^{2\pi i \int_\beta \omega}}$$

은 글로모브-위튼 불변량이다.

(2) $H^1(V, TV)$에서 **유카와결합**(Yukawa coupling)은 각 원소 $\theta_1, \theta_2, \theta_3 \in H^1(V, TV)$에 대하여

$$< \theta_1, \theta_2, \theta_3 >= \int_V \Omega \wedge (\theta_1 \cdot \theta_2 \cdot \theta_3 \Omega)$$

로 정의한다. 여기서 $\Omega \in H^{3,0}(V) \simeq \mathbb{C}$는 홀로몰픽 3-폼(holomorphic 3-form)이고, $\theta_1 \cdot \theta_2 \cdot \theta_3 \Omega$는

$$S^3 H^1(V, TV) \otimes H^{3,0}(V)$$
$$\mapsto H^3(V, \Lambda^3 TV \otimes \Omega^3 V) \simeq H^3(V, \mathscr{O}_V) = H^{0,3}(V)$$

의 원소로 간주한다. $H^1(V, TV)$에서 유카와결합을 B-**모델상관함**

수(B-model correlation function)이라 한다.

(i) $\Omega \in H^{3,0}(V) \simeq \mathbb{C}$는 $\lambda\Omega$, $\lambda \neq 0 \in \mathbb{C}$로 대치할 수 있으므로 **정규유카와결합**(normalized Yukawa coupling)이 필요하다.

(ii) B-모델상관함수는 켈러구조 ω에는 독립이지만, Ω에 복소구조가 포함되어 있어 복소구조에 의존한다.

(iii) B-모델상관함수는 컵곱으로 정의되어 양자상관관계는 나타나지 않는다.

(iv) (V, ω, J)와 (V^0, ω^0, J^0)가 거울쌍(mirror pair)일 때 $H^1(V, \Omega^{-}V)$에서 A-모델상관함수를 적용하고, $H^1(V^0, TV^0)$에 B-모델상관함수를 적용하고 거울맵으로 연결하에 V의 인스탄톤수를 계산한다.

(v) A-모델상관함수는 수렴성이 문제이다.

이를 극복하기 위하여 켈러구조 $\omega \in Km(V)$의 **큰-반경-극한점**(large radius limit point) 근방에서 A-모델콘넥션(A-model connection)을 글로모브-위튼 불변량, 퀀텀곱(quantum product)로 정의하고, 성질을 연구한다. 여기서 ω의 큰반경극한점은 ω의 허수부분 $\mathrm{im}\,\omega \gg 0$, 이 아주 크다는 의미이다.

(vi) B-모델상관함수에는 복소모듀라이공간 $Cm(V^0)$의 **맥시말-유니포텐트-경계점**(maximally unipotent boundary point)에서 모노드로미(monodromy) 변화를 **피카르-푹스 방정식**(Picard-Fuchs equation)과, **가우스-마닌콘넥션**(Gauss-Manin connection)에 적용한다. 이를 이용하여 경계점에서 코호몰로지의 **모노드로미-가중치-필트레이션**(monodromy weight filteration)이 정해진다.

(vii) 거울맵을 이용하여

$$A\text{-모델상관함수} = B\text{-모델상관함수},$$
$$A\text{-모델콘넥션} = \text{가우스-마닌콘넥션}$$

임을 보인다.

(3) 물리학은 현상에 따라 모델을 구성하고 미흡하면 조건을 바꾸거나 첨가하기도 하고 모순이나 반례가 없는 한 계속 진행한다. 반면에 수학은 정확한 증명이 되지 않는 한 받아들이지 않고 증명을 시도한다. 물리학의 직관과 예측은 학문 발전을 이끌어가고 수학은 그 기반을 공고히 하는 토대를 마련하고 자신의 길을 개척해 감으로서 타 학문에까지 모델을 제공함으로서 학문 발전에 이바지하고 있다.

그 예 중 하나가 거울대칭이론(mirror symmetry theory)이다.

$N=2$ SCFT 모듀라이는 켈러모듀라이와 복소모듀라이로 구성되어 있다. 이에 적합한 공간이 칼라비-야우공간이다. 이를 잠깐 복습하자. 일반적으로 다양체는 스므스 하나, $\mathbb{P}^n$에서 동차다항식의 근들은 특이점이 있는 버라이어티(variety)이다.

(i) n-차원 **칼라비-야우 버라이어티**(Calabi-Yau variety)

V는 n-차원 노말(normal) 콤팩트 버라이어티로서

(a) V는 오비폴드(orbifold),

(b) V의 듀알쉪(dualizing sheaf)이 자명 : $\Omega^n(V) \simeq \mathscr{O}_V$,

(c) $H^1(V, \mathscr{O}_V) = \cdots = H^{n-1}(V, \mathscr{O}_V) = \{0\}$,

인 공간이다.

(ii) (V, ω, J)를 칼라비-야우 버라이어티라 하자.

V의 켈러구조는 **켈러콘** $K(V) \subset H^2(V, \mathbb{R})$,

복소켈러공간 $K_{\mathbb{C}}(V)=\dfrac{\{\omega\in H^2(V,\mathbb{C})\mid \text{im}\,\omega\in K(V)\}}{\text{Im}\,H^2(V,\mathbb{Z})}$,

켈러모듀라이공간 $Km(V)=\dfrac{K_{\mathbb{C}}(V)}{\text{Aut}(V)}$을 정의한다.

V의 글로모브-위튼불변량, 퀀텀코호몰로지가 연구대상이다.

V의 거울공간 $(V^0,\ \omega^0,\ J^0)$도 칼라비-야우이며 V^0의 복소구조는 복소모듀라이공간 $Cm(V^0)$가 정의되고 **변형이론**(deformation theory)와 **가우스-마닌콘넥션**(Gauss-Manin connection)이 연구대상이다.

여기서 **거울맵**(mirror map)

$$M: Km(V)\longrightarrow Cm(V^0)$$

이 두 모듀라이 공간을 연결하여 V와 V^0에서 일어나는 현상을 이해하는데 크게 기여한다.

(iii) $N=2$ SCFT 범주(category)에서 보면 (V,ω)와 (V^0,ω^0)는 거울대칭으로서 **부호 선택**(sign choice)의 차이로서 같은 범주에 속한다.

5.3 칼라비-야우다양체의 거울대칭 (Mirror Symmetry of Calabi-Yau Manifolds)

거울대칭이론이 잘 적용되도록 칼라비-야우다양체가 구성되었다. 그 중 10차원 우주에서 우리가 사는 4차원 시공간에 눈에 보이지 않은 6차원 공간, 즉, 퀀틱3-폴드(quintic threefold)가 주요 관심사인 칼라비-야우다양체다.

칸델라스-오싸-글렌-파커스(Candelas-Ossa-Greene-Parkers)는 인스탄톤수를 거울대칭공간에서 예측했고, 몰리슨(Morrison)은 모듀라이공간과 거울대칭공간을 연구했으며, 기벤탈(Givental)과 리안-리우-야우(Lian-Liu-Yau)는 거울정리(mirror theorem)을 증명하여 퀸틱3-폴드에서 A-모델상관함수와 거울대칭공간에서 B-모델상관함수가 같음이 증명되었다.

(1) (V, ω)를 **퀸틱3-폴드**(quintic 3-fold)라 하자. 여기서
$V = \{ [z_0, z_1, \cdots, z_4] \in \mathbb{P}^4 \mid z_0^5 + \cdots + z_r^5 = 0 \}$이고,
$\omega = b + i\omega_0,\ b, \omega_0 \in H^2(V, \mathbb{R})$,
$\omega_0 \in K(V)$는 켈러류(Kähler class)이다.
$H = V \cap \mathbb{P}^3 \in H_4(V, \mathbb{Z}) \simeq H^2(V, \mathbb{Z})$는 초공간류(hyperplane class),
$l \in H_2(V, \mathbb{Z}) \simeq H^4(V, \mathbb{Z})$는 라인(line)이라 하자.
***A*-모델상관함수**(*A*-model correlation function)은

$$< H, H, H > = 5 + \sum_{d=1}^{\infty} n_d d^3 \frac{q^d}{1-q^d}$$

이다. 여기서 $d = dl \in < l > = H_2(V, \mathbb{Z}) = \mathbb{Z}$, n_d는 인스탄톤수,
$q = e^{2\pi i \int_l \omega}$이다.
(i) 복소켈러류 $\omega \in H^2(V, \mathbb{C}) = H^{1,1}(V) = < H > = \mathbb{C}$이므로
$\omega = tH,\ t \in \mathbb{C}$라 두면 $q = e^{2\pi i \int_l \omega} = e^{2\pi i t \int_l H} = e^{2\pi i t}$이다.
따라서 q 혹은 t를 복소켈러모듀라이공간 $Km(V)$의 **국소좌표**(local coordinate)라 할 수 있다.
(ii) A-모델상관함수는 글로모브-위튼불변량에 의하여 결정된다:

$$< H, H, H > = \sum_{d=0}^{\infty} < \Phi_{0,\,3,\,d} > (H \otimes H \otimes H)\, q^d$$
$$= < \Phi_{0,\,3,\,0} > (H \otimes H \otimes H) + \sum_{d=1}^{\infty} < \Phi_{0,\,3,\,d} > (H \otimes H \otimes H)\, q^d$$

이고, 글로모브-위튼불변량의 성질에 의하여

$$< \Phi_{0,\,3,\,0} > (H \otimes H \otimes H) = \int_V H \cup H \cup H = 5,$$
$$< \Phi_{0,\,3,\,d} > (H \otimes H \otimes H) = \int_{dl} H \cdot \int_{dl} H \cdot \int_{dl} H < \Phi_{0,\,0,\,d} >$$
$$= d^3 < \Phi_{0,\,0,\,d} >$$
$$< \Phi_{0,\,0,\,d} > = \sum_{k/d} n_k \cdot \left(\frac{d}{k}\right)^{-3} = \sum_{k/d} n_{\frac{d}{k}} \cdot k^{-3}$$

이므로, **멱급수**(power series)를 정리하면 A-모델상관함수는

$$< H, H, H > = 5 + \sum_{k=1}^{\infty} d^3 \sum_{k/d} n_k \cdot \left(\frac{d}{k}\right)^{-3} \cdot q^d$$
$$= 5 + \sum_{d=1}^{\infty} n_d \cdot d^3 \frac{q^d}{1-q^d}$$

이다.

(iii) 글로모브-위튼불변량에서

(a) $\overline{\mathscr{M}}_{0,\,3}(V, dl) = \{u : (\Sigma, p_1, p_2, p_3) \to V \mid p_1, p_2, p_3$는 Σ의 스므스마크점, u : 홀로몰픽안정맵, $u_*([\Sigma]) = dl\}$,

$e : \overline{\mathscr{M}}_{0,\,3}(V, dl) \to V^3,$

$e[u, (p_1, p_2, p_3)] = (u(p_1), u(p_2), u(p_3))$

은 이벨류에이션맵(evaluation map), 불변량은

$$< \Phi_{0,\,3,\,d} > (H \otimes H \otimes H) = \int_{\overline{\mathcal{M}}_{0,\,3}(V,\,dl)} e^{*}(H \otimes H \otimes H)$$

을 불변량의 성질에 의하여 A-모델상관함수를 얻었다.

(b) 만일 $k|d$이면 $d = k \cdot \dfrac{d}{k}$이므로 k 혹은 $\dfrac{d}{k}$-디그리커브가 존재하여 dl을 나타내는 커브가 kl-커브 혹은 $\dfrac{d}{k}l$-커브의 중복(multiple) 커브로 존재한다. 이런 현상이 위의 식에 적용됐으며, n_d는 디그리(degree) d을 나타내는 커브의 갯수로서 **인스탄톤수**(instanton number)라 한다.

(2) 퀸틱3-폴드 $(V,\ \omega)$에 대하여 **글렌-플레셔**(Greene-Plesses)는 거울대칭공간 $(V^0,\ \omega^0)$을 아래와 같이 구성하였다 : 유한군

$$G = \frac{\left\{(a_1,\ \cdots,\ a_5) \in \mathbb{Z}_5^5 \mid \sum_{i=1}^{5} a_i \equiv 0 \ (\mathrm{mod}\ 5)\right\}}{\mathbb{Z}_5}$$

(여기서 $\mathbb{Z}_5 = \left\{(a,\ \cdots,\ a) \in \mathbb{Z}_5^5 \mid a \in \mathbb{Z}_5\right\}$이다.)

은 $\mathbb{P}^4$에, $G \times \mathbb{P}^4 \to \mathbb{P}^4$,

$$(a_1,\ \cdots,\ a_5) \cdot [z_1,\ \cdots,\ z_5] = [\mu^{a_1} z_1,\ \cdots,\ \mu^{a_5} z_5]$$

으로 작용한다 하자. 여기서 $\mu = e^{2\pi i/5}$이다.

각 복소수 $\psi \in \mathbb{C}$에 대하여, V의 **거울대칭공간** V^0를

$$V_\psi^0 := \left\{ [z_1,\ \cdots,\ z_5] \in \frac{\mathbb{P}^4}{G} \ \middle|\ z_1^5 + \cdots + z_5^5 + \psi z_1 \cdots z_5 = 0 \right\}$$

$\dfrac{\mathbb{P}^4}{G}$의 **초공간족**(hyperspace family)으로 정의한다.

다음은 글렌-플레셔의 결과이다.

(i) 만일 $\psi \neq -5\mu^i$, $i = 0, 1, \cdots, 4$ 이면, V_ψ^0 는 칼라비-야우 오비폴드이다.

(ii) V_ψ^0 의 특이점을 **분해**(resolution)하여도 칼라비-야우이며, 같은 복소모듀라이공간, 같은 B-모델 상관함수를 갖는다.

(iii) $\psi \neq -5\mu^i$, $i = 0, 1, \cdots, 4$ 이면 $H^1(V, \Omega^1 V) \simeq H^1(V_\psi^0, TV_\psi^0)$ 이며 V의 거울대칭 V^0를 칼라비-야우 3-폴드 1-**파라메터족**(1-parameter family) (V_ψ^0)이다.

(3) 거울쌍 (V, V^0)의 성질을 알아보자.

거울대칭에 의하여 $H^1(V, \Omega^1 V) \simeq H^1(V^0, TV^0) = \mathbb{C}$ 이다.

(i) 퀸틱3-폴드 (V, ω)에서

$H^2(V, \mathbb{Z}) = \langle H \rangle = \mathbb{Z}$ 이고, 복소켈러류 $\omega \in H^2(V, \mathbb{C})$ 이므로 $\omega = tH$, $\text{im}\ t > 0$ 이다.

복소켈러공간은 $K_{\mathbb{C}}(V) = \dfrac{\{\omega \in H^2(V, \mathbb{C}) \mid \text{im}\ \omega \in K(V)\}}{H^2(V, \mathbb{Z})}$ 이고,

맵 $q : K_{\mathbb{C}}(V) \longrightarrow \Delta^*$

$$t \mapsto q(t) = e^{2\pi i t} = 2^{2\pi i \int_l \omega}$$

은 동형이다.

여기서

$$K_{\mathbb{C}}(V) \simeq \frac{[0, 1]}{0 \sim 1} X(0, \infty) =$$

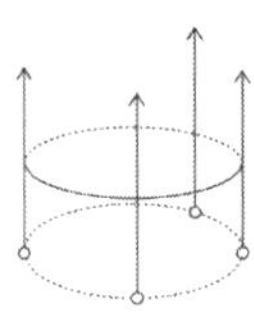

은 밑이 없는 무한원통이고,

$$\Delta^* = \{(x, y) \in \mathbb{R}^2 \mid a < x^2 + y^2 < 1\} =$$ 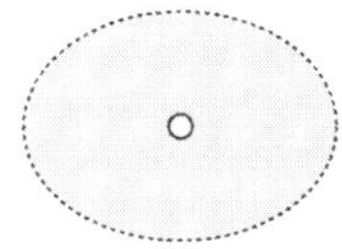

은 경계가 없는 단위 디스크에서 원점을 뺀 것이다.

따라서 q는 켈러모듀라이공간 $Km(V)$의 **국소좌표**(local coordinate)이며, $q = 0$는 **경계점**(boundary point)이다. 또한 A-**모델상관함수**

$$< H, H, H > = 5 + \sum_{d=1}^{\infty} n_d \cdot d^3 \frac{q^d}{1 - q^d}$$

는 $Km(V)$의 국소좌표 q의 함수임을 알 수 있다. 복소켈러폼 ω이 **큰-반경-경계점**(large redius boundary point)($\text{im}\ \omega \gg 0$)이면 $q = 0$이다.

(ii) 거울대칭성에 의하여 V^0의 복소모듀라이공간 $Cm(V^0)$의 **국소좌표**(local coordinate)를 다음 대응에서

$$\mathbb{C} - \{-5\mu^i \mid i = 0, 1, \cdots, 4\} \to \mathbb{C}$$

$$\psi \mapsto x = \psi^{-5}$$

x를 정의한다.

따라서 모듀라이공간의 특이점인 동시에 경계점은 $x = -5^{-6}$과 $x = 0$이다.

이 점은 $\psi = -5\mu^i$, $i = 0, \cdots, 4$와 $\psi = \infty$에 대응되는 점이다.

따라서 $\psi = \infty$이면 $x = 0$이다.

(iii) 거울대칭에 의하여, 국소동형 **거울맵**(mirror map)

$$Km(V) \to Cm(V^0)$$

$$q = 0 \mapsto x = 0$$

은 경계점 $q=0$ 근방을 경계점 $x=0$ 근방으로 보낸다.

$q=0$ 근방은 큰-반경-경계점(large radius boundary point)이고,

$x=0$ 근방에서 **맥시말-유니포텐트-모노드로미**(maximally unipotent monodromy)를 갖는다.

위 내용은 거울대칭을 연구하는데 중요한 역활을 하며 다음에 구체적으로 다룰 것이다.

(iv) A-모델상관함수를 계산을 다음과 같이 한다.

(a) 켈러모듀라이 공간 $Km(V)$과 복소모듀라이공간 $Cm(V^0)$의 경계점 $q=0$와 $x=0$에서 국소좌표를 구한다.

(b) $q=0$에 근방과 $x=0$의 근방에서 거울맵을 찾는다.

(c) B-모델상관함수에서 홀로몰픽 3-폼을 정규화(normalization) 한다.

(d) 거울맵을 통하여 x는 q의 함수로 하고, q는 x의 함수로 표현한다.

(e) A-모델상관함수 = B-모델상관함수임을 보인다.

(f) B-모델상관함수와 A-모델상관함수의 계수를 비교하여 인스탄톤수를 구한다.

(g) 거울대칭정리가 (e)를 보장한다.

5.4 거울대칭 (Mirror Symmetry)

퀸틱3-폴드 (V, ω, J)의 켈러모듀라이공간 $Km(V)$이 경계점 $q=0$의 근방은 국소좌표 q를 갖고, 대칭공간 (V^0, ω^0, J^0)의 복소모듀라이공간 $Cm(V^0)$이 경계점 $x=0$의 근방은 x를 국소좌표로 갖었다고 하자. 이 두 좌표 q와 x를 연결하는 거울맵을 구해보자. 다음은 **몰리슨**(Morrison)의 결과이다.

(1) 복소모듀라이공간 $Cm(V^0)$의 $x=0$에서 r_0를 **미니말 정수 소멸 3-사이클**(minimal integral vanishing 3-cycle), r_1을 **미니말 정수 3-사이클**(minimal integral 3-cycle)라 하자.
r_0상에서는 모노드로미(monodromy)가 불변이고, r_1은 모노드로미가 r_1+r_0로 변한다. **모노드로미**(monodromy)의 정의와 성질은 (6.2)와 (7.2)에서 다룬다.
홀로몰픽 3-폼 Ω에 대하여 $\int_{r_1}\Omega \Big/ \int_{r_0}\Omega$는 모노드로미 변화에 의하여 $\int_{r_1}\Omega \Big/ \int_{r_0}\Omega+1$이 된다.
따라서 $\exp\left(2\pi i\int_{r_1}\Omega \Big/ \int_{r_0}\Omega\right)$은 모노드로미 변화에 불변이다.

(ⅰ) **거울맵**(mirror map)은

$$M: Km(V) \to Cm(V^0)$$
$$q = \exp\left(2\pi i\int_{r_1}\Omega \Big/ \int_{r_0}\Omega\right) \mapsto t=\left(\int_{r_1}\Omega \Big/ \int_{r_0}\Omega\right)$$

로 정의한다.

다음은 $\int_{r_1}\Omega$와 $\int_{r_0}\Omega$를 $x=\psi^{-5}$로 나타내자.

(ii) V^0의 3-사이클 r에 대하여 **주기함수**(periodic function) $y=\int_r \Omega$를 생각하자.

$H^3(V^0, \mathbb{C})=H^{3,0}(V^0)\oplus H^{2,1}(V^0)\oplus H^{1,2}(V^0)\oplus H^{0,3}(V^0)\simeq\mathbb{C}^4$

이므로, 알려진 사실에 의하여 y는 **피카르-푹스 방정식**(Picard-Fuchs equation):

$$y''''+f_1y'''+f_2y''+f_3y'+f_4y=0$$

을 만족한다. 여기서 f_i, $i=1, \cdots, 4$는 모듀라이공간 좌표 x의 함수이고, 미분은 $'=x\dfrac{d}{dx}$이다.

피카르-푹스 방정식을 푸는데는 **글리피스-드웨크**(Griffiths-Dwork)의 **폴차수 줄이기**(reduction of pole order), 기벤탈(Givental)의 완전교차(complete intersection) 공식, 일반화 초기하방정식(generalized hypergeometric equation) 방법, 등이 있다. 글리피스-드웨크 결과를 소개하자.

(2) $V\subset\mathbb{P}^n$을 l-차(degree l) **초곡면**(hypersurface): 즉, f는 $\mathbb{P}^n$상의 l-동차다항식이고, $V=\{f=0\}$이다.

$$\Omega_0:=\sum_{i=0}^{n}(-1)^i z_i\,dz_0\wedge\cdots\wedge\widehat{dz_i}\wedge\cdots\wedge dz_n$$

은 $\mathbb{P}^n$의 **홀로몰픽** n**-폼**(holomorphic n-form)으로 $(n+1)$-동차, 즉 $\Omega^n_{\mathbb{P}^n}(n+1)$의 섹션이다.

(i) $H^n(\mathbb{P}^n-V)$

$$= \left\{ \frac{p\Omega_0}{f^k} \;\middle|\; p\text{는 동차다항식, } \deg(p) = kl - (n+1) \right\}.$$

(ii) **잉여맵**(residue map)은

$$\mathrm{Res} : H^n(\mathbb{P}^n - V) \to H^{n-1}(V),$$

$$\int_r \mathrm{Res}\left(\frac{p\Omega_0}{f^k}\right) = \int_{T(r)} \frac{p\Omega_0}{f^k}$$

로 정의한다. 여기서 $r \in H_{n-1}(V)$이고 $T(r) \subset \mathbb{P}^n - V$은 r상의 S^1-번들이다.

(iii) $H \subset \mathbb{P}^n$가 $\mathbb{P}^n$의 초곡면이면 $V \simeq lH$이고, $\mathrm{Res}\left(\frac{p\Omega_0}{f^k}\right) \cdot H = 0$이므로 $\mathrm{Res}\left(\frac{p\Omega_0}{f^k}\right)$는 **프리미티브 코호몰로지**(primitive cohomology) $PH^{n-1}(V) = \{ n \in H^{n-1}(V) \mid n \cdot H = 0 \}$의 원소이다.

(iv) $\mathrm{Res} : H^n(\mathbb{P}^n - V) \to PH^{n-1}(V)$는 전사이고, n이 짝수이면 $H^{n-1}(V) = \mathrm{Im}(\mathrm{Res}) = PH^{n-1}(V)$이다.

(3) V의 거울대칭 V^0에서 **홀로몰픽 3-폼**(holomorphic 3-form) Ω를

$$\Omega := \mathrm{Res}\left[\frac{\psi}{z_0^5 + \cdots z_4^5 + \psi z_0 \cdots z_4} \sum_{i=0}^{4} (-1)^i z_i \, dz_0 \wedge \cdots \wedge \widehat{dz_i} \wedge \cdots \wedge dz_4 \right]$$

로 정의하자. 여기서 $\mathrm{Res} : H^4(\mathbb{P}^4 - V^0) \to H^3(V^0)$은 잉여맵이다.

(i) 주기함수 $y = \int_r \Omega$에 대한 피카르-푹스방정식은 일반화된 초기하방정식 해법에 의하여

$$\left(x\frac{d}{dx}\right)^4 y + \frac{2\cdot 5^5 x}{1+5^5 x}\left(x\frac{d}{dx}\right)^3 y + \frac{7\cdot 5^4 x}{1+5^5 x}\left(x\frac{d}{dx}\right)^2 y$$

$$+\frac{2\cdot 5^4 x}{1+5^5 x}\left(x\frac{d}{dx}\right)y + \frac{24\cdot 5x}{1+5^5 x}y = 0$$

가 된다. 이 방정식은 $x=0$와 $x=-5^{-5}$에서 특이점을 갖는다.

특히, 주기 $y_0 = \int_{r_0}\Omega$와 $y_1 = \int_{r_1}\Omega$, 그리고 Ω는 피카르-푹스 방정식의 해이다.

(ii) r_0와 r_1의 모노드로미 성질에 의하여

$$y_0 \mapsto b_1 y_0$$

$$y_1 \mapsto b_1 y_1 + b_2 y_0$$

가 된다. 여기서 $b_1, b_2 \in \mathbb{C}$이고 $b_1 \neq 0$이다.

이때 $q : e^{2\pi i\frac{y_1}{y_0}} \mapsto e^{2\pi i\frac{b_2}{b_1}}\cdot e^{2\pi i\frac{y_1}{y_0}} = c_1\cdot e^{2\pi i\frac{y_1}{y_0}}$

로서 **모노드로미상수**(monodromy constant) c_1만큼 변화가 생긴다.

(4) 일반화된 초기하학 방정식 해법에 의하여 다음 결과를 얻는다.

(i) $y_0(x) = \sum_{n=0}^{\infty}\frac{(5n)!}{(n!)^5}(-x)^n = 1-120x+\cdots$

(ii) $y_1(x) = y_0(x)\log(-x) + 5\sum_{n=1}^{\infty}\frac{(5n)!}{(n_i)^5}\left[\sum_{i=n+1}^{5n}\frac{1}{i}\right](-x)^n$

(iii) $q(x) = c_1\exp\left(\frac{y_1}{y_0}\right)$

$$=-x\exp\left[\frac{5}{y_0(x)}\cdot\sum_{n=1}^{\infty}\frac{(5n)!}{(n!)^5}\left(\sum_{i=n+1}^{5n}\frac{1}{i}\right)(-x)^n\right]$$

$=-x+770x^2+1\cdots$, 만일 $c_1=-1$이면,

(iv) $x(q) = -q + 770q^2 + \cdots$.

여기서 상수 $c_1 = -1$은 (7.1.1)에서 구할 것이다.

(iii)와 (iv)는 우리가 찾는 거울맵(mirror map)이다.

(v) 칼라비-야우 3-폴드의 거울쌍 $(V,\ V^0)$에서 국소동형 **거울맵**(mirror map)

$$M: \ Km(V) \leftrightarrow Cm(V^0),$$
$$\text{(iii)은 } q \mapsto q(x),$$
$$\text{(iv)는 } x(q) \leftarrow x$$

이 구해진다.

이는 $q = e^{2\pi i \int_l \omega} = e^{2\pi i t},\ t = \int_{r_1} \Omega \Big/ \int_{r_0} \Omega = \dfrac{y_1}{y_0}$와 피카르-푹스 방정식의 해로부터 얻어졌다.

(5) V^0의 복소모듀라이공간 $Cm(V^0)$의 국소좌표 x에 대하여 B-모델상관함수 혹은 **유카와결합**(Yukawa coupling)는

$$Y := \left\langle x\frac{d}{dx},\ x\frac{d}{dx},\ x\frac{d}{dx} \right\rangle = \int_{V^0} \Omega \wedge \Omega'''$$

로 정의한다. 여기서 Ω는 V^0에서의 홀로몰픽 3-폼이고,

미분 $' = x\dfrac{d}{dx}$이다.

(i) $\left(x\dfrac{d}{dx}\right)Y = \dfrac{-5^5 x}{1+5^5 x}Y$이고

$Y = c_2 \dfrac{1}{1+5^5 x}$이다. 여기서 c_2는 **적분상수**(integral constant)이다.

적분상수 $c_2 = \dfrac{5}{(2\pi i)^3}$은 (7.1.1)에서 구할 것이다.

증명 홀로몰픽 3-폼 Ω은 (3, 0)-타입이고, 미분 Ω'와 Ω''는 (0, 3)-타입이 없으므로, **글리피스 횡단성**(Griffiths transversality)에 의하여

$$\int_{V^0} \Omega \wedge \Omega = \int_{V^0} \Omega \wedge \Omega' = \int_{V^0} \Omega \wedge \Omega'' = 0 \text{이다.}$$

마지막을 두 번 미분하면

$$\int_{V^0} \Omega \wedge \Omega'''' = -2\int_{V^0} \Omega' \wedge \Omega''' \text{이고,}$$

$$Y' = \int_{V^0} \Omega' \wedge \Omega''' = \int_{V^0} \Omega \wedge \Omega'''' = \frac{1}{2}\int_{V^0} \Omega \wedge \Omega'''' \text{이다.}$$

피카르-푹스방정식

$$\Omega'''' + \frac{2 \cdot 5^5 x}{1+5^5 x}\Omega''' + \frac{7 \cdot 5^4 X}{1+5^5 X}\Omega'' + \frac{2 \cdot 5^4 x}{1+5^5 x}\Omega' + \frac{24 \cdot 5x}{1+5^5 x}\Omega = 0$$

에 $\Omega \wedge$를 작용하고, 적분 $\int_{V_0}$를 취하면

$$Y' = \frac{-5^5 x}{1-5^5 x} Y \text{이다.}$$

이를 적분하면 $Y = c_2 \cdot \dfrac{1}{1+5^5 x}$이다.

여기서 c_2는 적분상수다. ■

(ii) V^0의 홀로모르픽 3-폼은 유일하지 않기 때문에 정규화(normalization)가 필요하다. 정규화 후에 $\int_{r_0} \Omega = 1$ 되기를 원한다.

$y_0(x) = \int_{r_0} \Omega$이므로 Ω 대신 $\dfrac{\Omega}{y_0(x)}$를 사용하면 된다.

이때 B-모델상관함수는

$$\left\langle x\frac{d}{dx},\ x\frac{d}{dx},\ x\frac{d}{dx}\right\rangle = \int_{V^0}\frac{\Omega}{y_0}\wedge\left(\frac{\Omega}{y_0}\right)''' = \frac{1}{y_0(x)^2}\int_{V^0}\Omega\wedge\Omega''' = \frac{c_2}{(1+5^5x)\,y_0(x)^2}$$

이고, 이를 **정규유카와결합**(normalized Yukawa coupling)이라 한다. 여기서 상수 c_2는 다음 (7.1)에서 구한다.

Chapter 06 거울대칭맵
(Mirror Symmetry Map)

칼라비-야우다양체의 켈러모듀라이공간에서 큰-반경-경계점 근방의 국소좌표를 구하고, 대응되는 거울다양체의 복소모듀라이공간에서 맥시말-유니포텐트-경계점의 국소좌표를 구하여 그들 사이의 거울대칭맵을 정의하자.

6.1 켈러모듀라이공간
(Kähler Moduli Space)

칼라비-야우다양체 (V, ω)에 대하여, 켈러콘 $K(V)$, 복소켈러공간 $K_{\mathbb{C}}(V)$, 복소켈러모듀라이공간(간단히, 켈러모듀라이공간) $Km(V) = \dfrac{K_{\mathbb{C}}(V)}{\mathrm{Aut}(V)}$은 앞에서 정의하였다. $Km(V)$의 **큰-반경-극한(경계)점**(large radius limit point)$[\omega = r_0 + i\,\omega_0,\ r_0, w_0 \in H^2(V, \mathbb{R}),\ \omega_0 \in K(V),\ \omega_0 \gg 0]$ 근방에서 국소좌표(local coordinate)를 구하자.

(6.1.1) 켈러모듀라이공간의 국소좌표

$\{T_1, \cdots, T_r\}$을 $\dfrac{H^2(V, \mathbb{Z})}{\mathrm{Tor}}$의 기저라 하고, $K(V)$ 내에 최대차원의 **심프리셜콘**(simplicial cone)을 σ라 하면 σ의 내부(interior)는 $\mathrm{Int}(\sigma) = \left\{ \sum_{i=1}^{r} t_i T_i \;\middle|\; t_1, \cdots, t_r > 0 \right\}$이다.

$D_\sigma := \dfrac{[H^2(V, \mathbb{R}) + i\,\mathrm{Int}(\sigma)]}{\mathrm{im}\, H^2(V, \mathbb{Z})}$는 $K_{\mathbb{C}}(V)$의 열린부분집합이고, $\{T_1, \cdots, T_r\} \subset \overline{\sigma}$이다.

$$\text{맵: } D_\sigma \longrightarrow (\Delta^*)^r$$

$$(t_1 T_1 + \cdots t_r T_r) \mapsto (q_1, \cdots, q_r) = \left(e^{2\pi i t_1}, \cdots, e^{2\pi i t_r}\right)$$

은 복소동형(biholomorphism)이다.

(6.1.2) 큰-반경-경계점

(1) $D_\sigma \subset \overline{D}_\sigma$, $(\Delta^*)^r \subset \Delta^r$, $\overline{D}_\sigma \simeq \Delta^r$, $0 \in \overline{D}_\sigma$, $0 \in \Delta^r$이다.

(2) 복소켈러폼 $\omega \in [H^2(V, \mathbb{R}) + i\,\mathrm{Int}(\sigma)]$의 복소부분이 커지면 q_k, $k = 1, \cdots, r$이 0에 가까워진다. 이 때문에 $0 \in \overline{D}_\sigma$를 **큰-반경-극한점**(large radius limit point)이라 한다.

(3) 큰-반경-극한점의 근방에서 국소켈러좌표(local Kähler coordinate)를 $(q_1, \cdots, q_r)$라 한다.

(4) 켈러모듀라이공간의 경계점인 큰반경극한점은 복소모듀라이 공간의 경계점인 **맥시말-유니포텐트-경계점**(maximal unipotent boundary point)를 대응시킨다.

(6.1.3) 콤팩트 켈러모듀라이공간

국소켈러좌표 $(q_1, \cdots, q_r)$에서 $q_j = e^{t_j}$, $j = 1, \cdots, r$라 하자.

(1) $\beta \in H_2(V, \mathbb{Z})$에 대하여,

$$q^{\beta}=\prod_j q_j^{\int_{\beta} t_j T_j}=\exp\left(\int_{\beta}\Sigma t_j T_j\right)$$

이고 t_j를 $2\pi i t_j$로 교체하면

$$q^{\beta}=\exp\left(2\pi i\int_{\beta}\Sigma t_j T_j\right)=e^{2\pi i\int_{\beta}\omega}$$

가 된다.

여기서 $\omega=\sum_{j=1}^{r} t_j T_j \in K_{\mathbb{C}}(V)$이다.

(2) 켈러도듀라이공간 $Km(V)$에 스므스 노말클로싱(smooth normal crossing)을 첨가하면 **콤팩트화**(compactification) $\overline{Km(V)}$가 된다. 큰반경극한점은 $\overline{Km(V)}$에 속한다.

(3) 큰-반경-경계점의 근방에서 코탄젠트공간은

$\left\{ d\log q_k = \dfrac{dq_k}{q_k} \;\middle|\; k=1,\ \cdots\ r \right\}$에 의해서 생성되고, 경계점에서

로가리즘폴(logarithmic pole)을 갖는다.

6.2 복소모듀라이공간 (Complex Moduli Space)

(V^0, ω^0)를 d-차원 칼라비-야우다양체 (V, ω)의 거울대칭공간이라 하자. V^0의 복소모듀라이공간 $Cm(V^0)$의 차원은

$$r=h^{1,1}(V)=h^{d-1,1}(V^0)=\dim H^1(V^0,\ TV^0)$$

이다.

$\mathcal{C}m(V^0)$에 **노말클로싱경계 디바이저**(normal crossing boundary divisor)를 첨가하여 **콤팩트 복소모듀라이공간**(compact complex moduli space) $\overline{\mathcal{C}m}(V^0)$을 얻는다.

(6.2.1) 경계점의 모노드로미

(6.1)에서와 같이,

경계점 $P \in \overline{\mathcal{C}m}(V^0) - \mathcal{C}m(V^0)$의 근방은 $\Delta^r \in \overline{\mathcal{C}m}(V^0)$,

$(\Delta^*)^r \subset \mathrm{Cm}(V^0)$이고, 경계는 $\Delta^r - (\Delta^*)^r = D = \bigcup_{i=1}^{r} D_i$는 노말클로싱경계디바이저이다.

(1) 만일 $z_1, \cdots, z_r$을 P에서 좌표계라 하면

$D = \{z_1 \cdots z_r = 0\}$이고, 경계점은 $P = 0 = \bigcap_{i=1}^{r} D_i \in \overline{\mathcal{C}m}(V^0)$이다.

(2) **호지분리**(Hodge decomposition)은

$$H^k(V^0, \mathbb{C}) = \bigoplus_{p+q=k} H^{p,q}(V^0),\ \overline{H^{p,q}(V^0)} = H^{q,p}(V^0)$$

이고, **호지필트레이션**(Hodge filteration)은

$$F^{\bullet}(V^0) = \{F^p(V^0)\},\ F^p(V^0) := \bigoplus_{a \geq p} H^{a,k-a}(V^0)$$

이다.

$H^k(V^0, \mathbb{C}) = F^0(V^0) \supset F^1(V) \supset \cdots \supset F^k(V) = H^{k,0}(V) \supset \{0\}$,

$H^{p,q}(V^0) = \dfrac{F^p(V^0)}{F^{p+1}(V^0)}$이고,

프리미티브코호몰로지(primitive cohomology)를

$$H_0^k(V^0, \mathbb{C}) := \mathrm{Ker}\left[\,\omega^{d-k+1} \cup : H^k(V^0) \to H^{2d-k+2}(V^0)\,\right]$$

로 정의하고, **극화**(polarization)를 다음과 같이 정의한다:

$$Q(\alpha, \beta) = (-1)^{\frac{k(k-1)}{2}} \int_{V^0} \omega^{d-k} \cup \alpha \cup \beta,\ \alpha, \beta \in H^k(V^0).$$

코호몰로지 $H^k(V^0, \mathbb{C})$는 **극화호지구조**(polarized Hodge structure)을 갖는다.

(3) $\pi : \chi \to S$를 스므스 몰피즘(morphism), 파이버 $\pi^{-1}(t) = V_t^0$는 칼라비-야우다양체, S는 $P \in \overline{\mathcal{C}m}(V^0)$의 근방, 코호몰로지군 $H^k(V_t^0, \mathbb{C})$과 필트레이션 $F^0(V_t)$이 **유일플렛콘넥션**(unique flat connection)

$$\nabla^{\mathrm{GM}} : F^0\big(= H^k(\chi)\big) \otimes \mathcal{O}_s \to F^0 \otimes \Omega^1(S)$$

을 결정한다. 이를 **가우스-마닌콘넥션**(Gauss-Manin connection)이라 한다. 여기서 $H^k(\chi)$는 파이버 마다 $H^k(V_t^0, \mathbb{C})$로 정의된다. 가우스-마닌콘넥션은 **글리피스횡단성**(Griffiths transversality)

$$\nabla^{\mathrm{GM}}(F^p) \subset F^{p-1} \otimes \Omega^1(S)$$

을 만족한다.

(4) $\overline{\pi} : \overline{\chi} \to \overline{S}$을 $\pi : \chi \to S$의 **캐노니칼 확장**(canonical extension)이라 하자.
가우스-마닌 콘넥션 ∇^{GM}도 극한으로

$$\overline{\nabla}^{\mathrm{GM}} : \overline{F}^0 \to \overline{F}^0 \otimes \Omega^1_{\overline{s}}(\log D)$$

확장된다. 여기서 쉪(sheaf) $\Omega^1_{\overline{s}}(\log D)$는 $\overline{S}$상의 유리 1-폼 $\dfrac{df}{f}$형

의 부분쉎(subsheaf)이다.

(5) $r_j = r_j(u)$, $j=1, \cdots, r$를 D_j 주위를 도는 작은 루프(loop)로서 $r_j(0) = r_j(1) = t \in S$라 하자.

코호몰로지류 $\eta \in H^d(V_t^0, \mathbb{C})$은 가우스-마닌 콘넥션 ∇^{GM}에 의하여 $\eta(u) \in H^d(V_{r_j(u)}^0, \mathbb{C})$, $\eta(0) = \eta$인 **리프트**(lift)가 $[0, 1]$상에 유일하게 존재한다.

모노드로미변환(monodromy transformation), 혹은 **피카르-렆셔츠변환**(Picard-Lefschetz transformation)은

$$T_j : H^d(V_t^0, \mathbb{C}) \longrightarrow H^d(V_t^0, \mathbb{C})$$

$$\eta \mapsto T_j(\eta) = \eta(1)$$

로 정의한다.

모노드로미정리(Monodromy Theorem)

$$(T_j^m - I)^{d+1} = 0.$$

여기는 $m \geq 0$인 어떤 정수이다.

다음 (7.2)에서 모노드로미, 혼합필터레이션 등에 관해서 좀 자세히 기술하자.

(6.2.2) 피카르-푹스방정식(Picard-Fuchs Equation)

Ω를 $F^d \to S$의 섹션이라 하자.

(1) $\mathscr{D}=\mathbb{C}[z_1, \cdots, z_n]\left[\frac{\partial}{\partial z_1}, \cdots, \frac{\partial}{\partial z_r}\right]$을 S상의 미분연산자의 쉪이라 하고, $\phi: \mathscr{D} \longrightarrow F^0$, $\phi(X_1, \cdots, X_l)=\nabla_{X_1}^{\mathrm{GM}} \cdots \nabla_{X_l}^{\mathrm{GM}}\Omega(t)$ 정의하면 F^0는 $\mathscr{D}$-모듈(module) 구조를 갖는다.

(2) $I=\ker(\phi)$를 **피카르-푹스아이디얼**(Picard-Fuchs ideal)이라 한다. $D\in I$에 대하여 $D\cdot y=0$를 피카르-푹스방정식(Picard-Fuchs equation)이라 하고, 모든 $D\in I$에 대하여 $D\cdot y=0$이면 y를 피카르-푹스방정식의 해(solution)이라 한다.

(3) 호몰로지 d-사이클 $r_t\in H_d(V_t^0)$에 대하여

$$\frac{\partial}{\partial z_i}\int_{r_t}\Omega(t)=\int_{r_t}\nabla_{\frac{\partial}{\partial z_i}}^{GM}\Omega(t)$$

이므로 주기 $y(t)=<g(t), \Omega(t)>=\int_{r_t}\Omega(t)=\int_{V_i^0}g(t)\cup\Omega(t)$는 피카르-푹스방정식의 해이다. 여기서 $g(t)=PD(r_t)\in H^d(V_t^0, \mathbb{C})$이다.

(6.2.3) 모노드로미-가중치-필트레이션(Monodromy Weight Filtration)

(1) (6.2.1)에서 $P=\bigcap_{i=1}^{r}D_i$이 **맥시말-유니포텐트-경계점**(maximally unipotent boundary point)에서 **모노드로미**(monodromy)는 다음 조건을 만족한다.

모노드로미 변환 T_i, $i=1, \cdots, r$에 대하여

(i) $(T_i-I)^{d+1}=0$,

(ii) $(T_i - I)^d \neq 0$,

(iii) $N_i := \log T_i$, $N = \sum a_i N_i$, $a_i > 0$라 하면

$$W_0 = \text{im } N^d,\ w_1 = \text{im } N^{d-1} \cap \ker N,$$

$$W_2 = \text{im } N^{d-2} \cap \ker N \oplus \text{im } N^{d-1} \cap \ker N^2$$

라 하면

$W_0 :\ W_0 \subset W_1 \subset W_2 \subset \cdots \subset W_{2d} = H^d(V^0, \mathbb{C})$

는 **모노드로미-가중치-필트레이션**(monodromy weight filtration)이 되고, $N(W_k) \subset W_{k-2}$, $N^k : \dfrac{W_{d+k}}{W_{d+k-1}} \to \dfrac{W_{d-k}}{W_{d-k-1}}$은 동형이다.

(2) $\{g_0\} \in W_0 = W_1$, $\{g_0, g_1, \cdots, g_r\} \subset W_2$의 기저라 하고 $N_i(g_j) = m_{ij} g_0$, $1 \leq i, j \leq r$라 하면 $\det(m_{ij}) \neq 0$이고, (m^{ij})를 (m_{ij})의 역행렬이라 하자.

(3) $(z_1, \cdots, z_r) \in \Delta^r$을 좌표라 하자.

홀로몰픽맵 $q_1, \cdots, q_r$를

$$\log q_k = \frac{2\pi i}{< g_0, \Omega >} \sum_{j=1}^{r} < g_j, \Omega > m^{jk},\ k = 1, \cdots, r$$

로 정의하자.

$N_i g_j = m_{ij} g_0$이므로, $z_1 = 0$ 근방에서

$< g_j, \Omega > \sim m_{ij} < g_0, \Omega > \dfrac{\log(z_i)}{2\pi i}$, $g_k \sim c \cdot z_k$, $c \neq 0$이다.

$(q_1, \cdots, q_r)$를 맥시말-유니포텐트-경계점에서 **국소좌표**(local coordinate)라고 정의한다.

(4) 복소모듈라이공간 $\mathcal{C}m(V^0)$에 노말클로싱(normal crossing)을 첨가함으로서 콤팩트 복소모듈라이공간 $\overline{\mathcal{C}m}(V^0)$이 되고 맥시말-유니포텐트-경계점이 된다. 2개의 맥시말-유니포텐트-경계점 $p, q \in \overline{\mathcal{C}m}(V^0) - \mathcal{C}m(V^0)$가 **동치**(equivalent)란 p, q를 포함하는 연결집합(connected set) $C \subset \overline{\mathcal{C}m}(V_0) - \mathcal{C}m(V^0)$이 존재하고, C의 근방 $N(C) \subset \overline{\mathcal{C}m}(V^0)$의 코탄젠트번들이 1-폼 $\{d\log q_k\}$에 의하여 형성되며 p와 q에서 폴(pole)을 갖음을 뜻한다.

(5) 콤팩트 복소모듈라이공간 $\overline{\mathcal{C}m}(V^0)$의 맥시말-유니포텐트-경계점을 콤팩트켈러모듈라이공간 $\overline{Km(V)}$의 큰-반경-경계점을 거울맵(mirror map)으로 대응시킨다.

6.3 거울대칭맵 (Mirror Symmetry Map)

거울대칭맵은 칼라비-야우다양체 (V, ω)와 그의 거울대칭공간 (V^0, ω^0)의 SCFT-모듈라이공간 상의 일련의 동형사상들이다.
본 절에서는 V^0의 복소모듈라이공간 $\mathcal{C}m(V^0)$의 맥시말-유니포텐트-경계점에서 좌표계를 V의 켈러모듈라이 공간 $Km(V)$의 큰-반경-경계점서 좌표계를 대응하는 거울대칭맵(거울맵)을 구성하자.

(6.3.1) 복소모듈라이공간의 좌표

(V^0, ω^0)를 d-차원 칼라비-야우다양체이라 하자. 콤팩트 복소모듈라이공간 $\overline{\mathcal{C}m}(V^0)$의 맥시말-유니포텐트-경계점에서

$$W_\cdot : W_0 \subset W_1 \subset W_2 \subset \cdots \subset W_{2d} = H^d(V^0, \mathbb{C})$$

를 모노드로미-가중치-필트레이션,

$\{g_0, g_1, \cdots, g_r\}$을 $W_2 \subset H^d(V^0, \mathbb{C})$의 기저,

q_k를 $\log q_k = \dfrac{2\pi i}{< g_0, \Omega >} \sum_{j=1}^{r} < g_j, \Omega > m^{jk}$라 하자.

여기서 (m^{jk})는 (m_{jk})의 역행렬, Ω는 홀로몰픽 d-폼이다.

(1) $q_j = q_j(p)$는 맥시말-유니포텐트-경계점 근방에서 홀로몰픽이다.

(2) $y_0 =< g_0, \Omega >$, $y_k = \sum_{j=1}^{r} < g_j, \Omega > m^{jk}$, $k=1, \cdots, r$는 피카르-푹스방정식의 해이며, 경계점 근방에서 홀로몰픽이다.

(3) $(m_{ij}) = I$이면, $y_k =< g_k, \Omega >$이고

$\log q_k = \dfrac{2\pi i}{< g_0, \Omega >} < g_k, \Omega >$이다.

(6.3.2) 거울대칭맵

d-차원 칼라비-야우다양체 (V, ω)의 콤팩트 켈러모듀라이 공간을 $\overline{Km}(V)$라 하자.

$(q_1, \cdots, q_r)$를 $\overline{Km}(V)$의 큰-반경-경계점에서 국소좌표라 하자.

거울대칭맵(mirror symmetry map) $M : \overline{Cm}(V^0) \rightarrow \overline{Km}(V)$, $M(p) = (q_1(p), \cdots, q_r(p))$로 정의한다.

거울대칭맵 $M(p) = (q_1(p), \cdots, q_r(p))$에 대하여:

(1) q_k, $k=1, \cdots, r$은 $\dfrac{1}{2\pi i} \log q_k = \dfrac{1}{< g_0, \Omega >} \sum_{j=1}^{r} < g_j, \Omega > m^{jk}$

이다.

(2) 기저 $T_1, \cdots, T_r \in H^2(V, \mathbb{C})$는 큰-반경-경계점의 콘(cone) σ를 생성한다.

여기서 (1)은 (V^0, ω^0)의 맥시말-유니포텐트-경계점 근방에서 정해지고, (2)는 (V, ω)의 큰-반경-경계점에서 정해진다.
따라서 $(q_1, \cdots, q_r)$과 $(T_1, \cdots, T_r)$이 거울대칭맵을 정의한다.

(3) (V^0, ω^0)의 모노드로미-가중치-필트레이션에서 보면
W_2의 생성원 $g_0, g_1, \cdots, g_r$이 정해지면 피카르-푹스방정식의 해 $y_0, y_1, \cdots, y_r$이 정해지고 $q_1, \cdots, q_r$이 정해지고 거울대칭맵 M이 정해진다.

(4) (V, ω)에서 $Km(V)$의 큰-반경-경계점 근방의 국소좌표와 (V^0, ω^0)에서 $Cm(V^0)$의 맥시말-유니포텐트-경계점 근방의 국소좌표와 양립하는 콤팩트화가 정해지면 거울대칭맵(mirror symmetry map)

$$M = M(p) : \overline{Cm}(V^0) \rightarrow \overline{Km}(V),$$

$$p \mapsto (q_1(p), \cdots, q_r(p))$$

이 정의된다.

Chapter **07**

거울대칭정리
(Mirror Symmetry Theorems)

거울대칭은 $N=2$ SCFT(superconformal field theory: 초닮음장이론)에서 나왔으며, 그의 리대수(Lie algebra)는 좌우운동에 따른 $u(1)\times u(1)$ 구조를 갖고 그 생성원 (P, Q)은 운동방향이 바뀌면 $(-P, Q)$가 되며 힐버트공간에서 연산자(operator) 역활을 한다.

d-차원 칼라비-야우다양체의 거울대칭공간쌍을 (V, ω)와 (V^0, ω^0)라 하자. (V^0, ω^0)에서 (p, q)-고유공간은 $H^q(V^0, \Lambda^p TV^0)$, (V, ω)에서 $(-p, q)$-고유공간을 $H^q(V, \Omega^p V)$라 하자. 특히 $p=q=1$이면 $H^1(V^0, TV^0)$은 (1, 1)-고유공간이며 복소모듀라이공간 $Cm(V^0)$의 접공간이며 차원은 호지수 $h^{q-1,1}(V^0)$이다. 한편 $H^1(V, \Omega^1 V)=H^{1,1}(V)$는 켈러모듀라이공간 $Km(V^0)$의 접공간이며 차원은 호지수 $h^{1,1}(V)$이다. 그리고 $H^{1,1}(V)\simeq H^{d-1,1}(V^0)$이다.

(7.1)에서는 켈러모듀라이공간에서 글로모브-위튼불변량으로 정의된 A-모델상관함수와 복소모듀라이공간에서 홀로몰픽 d-폼으로 정의된 B-모델상관함수를 연결하고 이를 이용하여 퀸틱3-폴드의 인스탄톤수를 구한다.

(7.2)에서는 거울대칭맵을 정의하는데 주요역활을 한 모노드로미(monodromy), 모노드로미-가중치-필트레이션, 가우스-마닌콘넥션을 소개한다.

(7.3)에서는 A-모델상관함수의 B-모델상관함수를 연결하는 호지이론에서 거울대칭정리, 기벤탈의 거울대칭정리, 그리고 리안-리우-야우의 거울대칭정리를 소개한다.

7.1 상관함수 (Correlation Functions)

(V, ω, J)를 퀸틱3-폴드(quintic threefold)라 하고, (V^0, ω^0, J^0)를 그의 거울대칭이라 하자. 거울대칭에 의하여

$$H^1(V, \Omega^1 V) \simeq H^1(V^0, TV^0)$$

은 동형이다.

초곡면류 $H \in H^1(V, \Omega^1 V)$에 대응되는 거울대칭의 원소를 $\theta \in H^1(V^0, TV^0)$ 구하자.

$H^1(V, \Omega^1 V)$는 V의 켈러모듀라이공간 $Km(V)$의 접공간이 되고, H는 $Km(V)$의 **벡터장**(vector field)이라 할 수 있다.

이때 복소켈러류 $\omega = tH$이고 벡터장은 $\dfrac{d}{dt}$가 된다.

$Km(V)$의 국소좌표는 $q = e^{2\pi i t}$이므로 거울대칭맵은

$$H = \frac{d}{dt} = 2\pi i q \frac{d}{dq} \mapsto \theta = 2\pi i q \frac{dx}{dq} \frac{d}{dx} = \left(2\pi i \frac{q}{x} \frac{dx}{dq}\right) x \frac{d}{dx}$$

이 대응된다. 거울대칭에 의하여 $< H, H, H > = < \theta, \theta, \theta >$이다.

A-모델상관함수는

$$< H, H, H > = < \theta, \theta, \theta > = \left(2\pi i \frac{q}{x} \frac{dx}{dq}\right)^3 \left\langle x\frac{d}{dx}, x\frac{d}{dx}, x\frac{d}{dx} \right\rangle$$

이 된다. 이 식을 **퀸틱3-폴드의 거울대칭**(mirror symmetry for the quintic threefold)라 한다.

(7.1.1) B-모델 유카와결합

정규유카와결합은 (5.4) (4)와 (5.4) (5) (iii)에 의하여

$$\left\langle x\frac{d}{dx},\, x\frac{d}{dx},\, x\frac{d}{dx} \right\rangle = \frac{c_2}{(1+5^5x)y_0(x)^2}$$ 이므로

$$< \theta,\, \theta,\, \theta > = \frac{c_2}{(1+5^5x)y_0(x)^2}\left[2\pi i\frac{q}{x}\frac{dx}{dq}\right]^3$$

$$= \frac{c_2}{(1+5^5x)(1-120x+\cdots)^2}$$

$$\left[2\pi i\, c_1(1-770x+\cdots)\left(1+1540\frac{q}{q^2}+\cdots\right)\right]^3$$

이고, 한편

$$< H,\, H,\, H > = 5+\sum_{d=1}^{\infty} n_d d^3\frac{q^d}{1-q^d} = 5+2875q+\cdots$$

이다.

$< H, H, H > = < \theta, \theta, \theta >$ 에서 양변의 계수를 비교하면

적분상수(integral constant) $c_2 = \frac{5}{(2\pi i)^3}$ 이다.

$$< \theta,\, \theta,\, \theta > = 5-2875\frac{q}{c_1}+\,\cdots$$

이므로 **모노드로미상수**(monodromy constant) $c_1 = -1$ 이고 $n_1 = 2875$ 이다.

(1) **정리** 퀸틱3-폴드 (V, ω, J)와 거울대칭공간 (V^0, ω^0)에 대하여

(i) $y_0(x) = \sum_{n=0}^{\infty}\frac{(5n)!}{(n!)^5}(-x)^n$

(ii) $y_1(x) = y_0(x)\log(-x) + 5\sum_{n=1}^{\infty}\frac{(5n)!}{(n!)^5}\left[\sum_{i=n+1}^{5n}\frac{1}{i}\right]\cdot(-x)^n.$

(iii) $q=\exp\left(\frac{y_1}{y_0}\right)$

$$=-x\exp\left[\frac{5}{y(x)}\cdot\sum_{n=1}^{\infty}\frac{(5n)!}{(n!)^5}\left(\sum_{i=n+1}^{5n}\frac{1}{i}\right)\cdot(-x)^n\right].$$

(iv) 퀸틱3-폴드에 대한 거울대칭은 :

A-모델유카와결합: $5+\sum_{d=1}^{\infty}n_d d^3\frac{q^d}{1-q^d}=\frac{5}{(1+5^5x)y_0(x)^2}\left(\frac{q}{x}\frac{dx}{dq}\right)^3$

은 B-모델유카와결합이다. 따라서 V상의 A-모델상관함수 = V^0상의 B-모델상관함수이다. ■

(7.1.2) 인스탄톤수(Instanton Number)

퀸틱3-폴드의 거울대칭식을 전개하면

$$5+\sum_{d=1}^{\infty}n_d d^3\frac{q^d}{1-q^d}$$

$$=5+2875\frac{q}{1-q}+609250\cdot 2^3\frac{q^2}{1-q^2}+317206735\cdot 3^3\frac{q^3}{1-q^3}+$$

$$242467350000\cdot 4^3\frac{q^4}{1-q^4}+229305888887625\cdot 5^3\frac{q^5}{1-q^5}+\cdots$$

이다. 따라서 처음 $d=5$의 인스탄톤수(instanton number)는

$n_1=2875$

$n_2=609250$

$n_3=317206375$

$n_4=242467530000$

$n_5=229305888887625$

이다.

지금까지 n_d는 유리수(rational)인 것은 글로모브-위튼불변량 정의로부터 명백하나, n_d가 정수(integer)인지는 아직 미해결 문제이다.

7.2 모노드로미 (Monodromy)

칼라비-야우다양체 V의 복소켈러류 $\omega \in K_{\mathbb{C}}(V)$에 대하여 $T_o = 1,\ T_1,\ \cdots\ T_r,\ \cdots\ T_m$을 $H^*(V, \mathbb{Q})$의 등차기저(homogeneous basis)이고

$T_1, \cdots, T_r \in H^2(X, \mathbb{Z})$를 정수기저(integral basis)라 하고,

$$\omega = \frac{1}{2\pi i}\sum_{i=1}^{r} t_i T_i$$

$$= \sum_{i=1}^{r} u_i T_i \in H^2(V, \mathbb{R}) + i K(V)$$

라 하자. 여기서 $t_j = 2\pi i u_j,\ j = 1, \cdots, r$이다.

(7.2.1) A-모델콘넥션

번들 $\mathscr{H} = H^*(V, \mathbb{C}) \times K_{\mathbb{C}}(V) \longrightarrow K_{\mathbb{C}}(V)$의 A-**모델콘넥션**(A-model connection) ∇^{GW}를

$$\nabla^{\mathrm{GW}}_{\frac{\partial}{\partial u_i}} T_j = T_i *_s T_j,\ 1 \le i \le r,\ 0 \le j \le m$$

$$= \sum_k \sum_{\beta \in H_2(V, \mathbb{Z})} < I_{0,3,\beta} > (T_i, T_j, T_k) T^k \cdot q^\beta$$

로 정의한다.

여기서 $q^\beta = e^{2\pi i \int_\beta \omega}$이며, ω가 변함에 따라 q^β도 변한다.

(1) **정리** A-모델콘넥션 ∇^{GW}는 플랫(flat)이다.

증명

[MS], [KM]에 의하여 **두브로빈콘넥션**(Dubrovin connection) ∇^λ,

$$\nabla^\lambda_{\frac{\partial}{\partial t_i}}(T_j) = \lambda T_i *_b T_j,\ i, j = 0, \cdots, m,$$

은 플랫이다. 여기서 $*_b$는 큰퀀텀곱이다.

$\lambda = \dfrac{1}{2\pi i}$라 하고, $2\pi i u_j = t_j$이므로 $q_j = e^{2\pi i u_j} = e^{t_j}$이고

$$\frac{\partial}{\partial t_j} = q_j \frac{d}{dq_j},\ \frac{\partial}{\partial u_j} = 2\pi i q_j \frac{\partial}{\partial q_j} = 2\pi i \frac{\partial}{\partial t_j}$$

이다.

만일 두브로빈콘넥션 ∇^λ을 $H^2(V, \mathbb{C})$로 제한(restriction)하면

$$\begin{aligned}\nabla^\lambda_{\frac{\partial}{\partial t_i}}(T_j) &= \lambda \sum_k \sum_\beta < T_i, T_j, T_k > q^\beta \cdot T^k \\ &= \lambda T_i *_s T_j\end{aligned}$$

이고, ∇^λ는 플랫이므로 A-모델콘넥션 ∇^{GW}는 플랫이다. ■

(2) σ를 $T_1, \cdots, T_r$을 포함하는 **콘벡스헐**(convex hull)이라 하면 σ는 내부(interior)는 $\mathrm{Int}(\sigma) \subset K(V)$이고,

$$D_\sigma := \frac{\{H^2(V, \mathbb{R}) + i\,\mathrm{Int}(\sigma)\}}{\mathrm{Im}\, H^2(V, \mathbb{Z})} \subset K_{\mathbb{C}}(V)$$

는 $K_{\mathbb{C}}(V)$의 개집합(open subset)이다.

$$\text{맵} : D_\sigma \longrightarrow (\Delta^*)^r$$

$$u_1 T_1 + \cdots + u_r T_r \mapsto (q_1, \cdots, q_r) = (e^{2\pi i u_1}, \cdots, e^{2\pi i u_r})$$

은 홀로몰픽동형(biholomorphism)이다.

이때 $0 \in \Delta^r$은 큰-반경-극한점(large radius limit point)이다. 또한

$$\Delta^r - D_\sigma = \Delta^r - (\Delta^*)^r = \bigcup_{i=1}^{r} D_i$$

은 **노말클로싱 디바이저**(normal crossing divisor)이다.

T_j를 D_j에 관한 **모노드로미**(monodromy), 즉 $(\Delta^*)^r$에서 j-번째 슬라이스(slice)의 원점을 도는 루프(loop)에 따른 모노드로미라 하자.

(7.2.2) 모노드로미-가중치-필트레이션(Monodromy Weight Filtration)

(1) **정리** 칼라비-야우다양체 V의 A-모델콘넥션 ∇^{GW}의 모노드로미 T_j는 유니포텐트(unipotent)이고 로가리즘(logarithm) $N_j = \log T_j$는 컵곱(cup product) $\cup(-T_j)$이다.

증명 Δ^r상의 좌표 $(q_1, \cdots, q_r)$,

$$q_j = e^{2\pi i u_j}$$

이므로, $\dfrac{\partial}{\partial u_j} = 2\pi i\, q_j \dfrac{\partial}{\partial q_j}$이고, $T^l = \sum_s g^{ls} T_s$이다.

$$\nabla^{GW}_{\frac{\partial}{\partial u_i}}(T_k) = \frac{1}{2\pi i\, q_j} \sum_{l,\, s} \sum_{\beta \in H_2(V,\, \mathbb{Z})} < I_{0,\, 3,\, \beta} > (T_j \otimes T_k \otimes T_l) g^{ls} T_s q^\beta.$$

유효한(effective) β에 대하여

$$q^{\beta} = q_1^{\int_\beta T_1} \cdots q_r^{\int_\beta T_r}$$

이며, 각 $\int_\beta T_i \geq 0$이다.

Δ^r의 j-번째 슬라이스(slice), $q_i =$상수 $i \neq j$,에서 모노드로미 T_j를 계산해보자.

$q_j = 0$에서 ∇^{GW}의 잉여행렬(residue matrix)를 구하자.

유효한 $\beta \neq 0$에서 $q_j^\beta \to 0$이면 $q^\beta \to 0$이다.

$q_j = 0$에서 $\nabla^{GW}_{\frac{\partial}{\partial q_i}}$의 행렬은

$$\begin{aligned}
\mathrm{Res}_{q_j=0}(\nabla^{GW}) &= \frac{1}{2\pi i}\left(\sum_l < I_{0,\,3,\,0} > (T_j \otimes T_k \otimes T_l)\, g^{ls}\right)_{k,\, s=0,\, \cdots,\, m} \\
&= \frac{1}{2\pi i}\left(\sum_l g^{ls} \int_V T_j \cup T_k \cup T_l\right)_{k \times s} \\
&= \frac{1}{2\pi i}\left(\int_V T_j \cup T_k \cup T^s\right)_{k \times s} \\
&= \frac{1}{2\pi i}(\cup\, T_j)
\end{aligned}$$

마지막 등식은 $\cup\, T_j$의 $k \times s = (m+1) \times (m+1)$-행렬표현이다.

한편 $\cup\, T_j$는 **닐포텐트**(nilpotent)이므로 $\mathrm{Res}_{q_j=0}(\nabla^{GW})$도 닐포텐트이다.

따라서 모노드로미 T_j의 행렬은

$$\begin{aligned}
T_j &= \exp\left(-2\pi i\, \mathrm{Res}_{q_j=0}(\nabla^{GW})\right) \\
&= \exp\left(-2\pi i \cdot \frac{1}{2\pi i}(\cup\, T_j)\right) \\
&= \exp\left(\cup\,(-T_j)\right)
\end{aligned}$$

이고, 로가리즘(logarithm)은

$$N_j = \log T_j = \log \exp(\cup(-T_j)) \\ = \cup(-T_j)$$

이다. ■

(2) (V, ω)를 $d \geq 3$차원 칼라비-야우다양체라 하자.

$$W_i = \bigoplus_{j \geq 2d-i} H^j(V, \mathbb{C})$$

은 **모노드로미-가중치-필트레이션**(monodromy weight filtration)이다.
예를 들면, 퀸틱3-폴드에서는 :

$$W_0 = H^{2d}(V, \mathbb{C}) \simeq H^0(V, \mathbb{C}) = \mathbb{C},$$

$$W_1 = H^{2d}(V, \mathbb{C}) \oplus H^{2d-1}(V, \mathbb{C}) = W_0 = \mathbb{C},$$

$$W_2 = H^{2d}(V, \mathbb{C}) \oplus H^{2d-1}(V, \mathbb{C}) \oplus H^{2d-2}(V, \mathbb{C}) \\ \simeq H^0(V, \mathbb{C}) \oplus H^2(V, \mathbb{C}) = W_0 \oplus H^2(V, \mathbb{C})$$

이다.

$N = \sum_{j=1}^{r} q_j N_j$, $N_j = \log T_j$, $a_i > 0$라 두자. 로가리즘 모노드로미는

$N_j(\alpha) = -T_j \cup \alpha$, $\alpha \in H^*(V)$이므로

N은 컵곱이고, 켈러류는 $\omega = \sum_{j=1}^{r} a_j T_j$라 하자.

어려운 렢셔츠정리(hard Lefschetz theorem)에 의하여

$$\cup \omega^k : H^{d-k}(V, \mathbb{C}) \longrightarrow H^{d+k}(V, \mathbb{C})$$

는 동형이다. 따라서

$$N^k : \frac{W_{d+k}}{W_{d+k-1}} \longrightarrow \frac{W_{d-k}}{W_{d-k-1}}$$

은 동형이다.

(3) 모노드로미-가중치-필트레이션 $W_\bullet$ 는 $0 \in \Delta^r$ 에서 증가 필트레이션(increasing filtration):

$$W_0 = H^{2d}(V, \mathbb{C}) \subset W_1 \subset \cdots \subset W_{2d} = H^*(V, \mathbb{C})$$

이다.

(4) Δ^r 상에서

$$W_i = \bigoplus_{j \geq 2d-i} H^j(V, \mathbb{C}) \times \Delta^r$$

모노드로미-가중치-필트레이션이다.

(7.2.3) 혼합호지구조(Mixed Hodge Structure)

(1) **정리** A-모델 콘넥션 ∇^{GW}는 $0 \in \Delta^r$ 에서 맥시말-유니포텐트-모노드로미(maximally unipotent monodromy)를 갖는다.

증명 V가 칼라비-야우이므로 $H^1(V, \mathbb{C}) = 0$이다. 따라서

$$\dim W_0 = \dim W_1 = \dim H^{2d}(V, \mathbb{C}) = 1,$$

$$\dim W_2 = \dim \left(H^{2d}(V, \mathbb{C}) \oplus H^{2d-2}(V, \mathbb{C})\right) = r+1$$

이다.

기저 $g_0 = [\mathrm{pt}] \in H^{2d}(V, \mathbb{C})$, $g_1, \cdots, g_r \in H^{2d-2}(V, \mathbb{C})$

에 대응되는 **쌍대기저**(dual basis)를

$$T_0 \in H^0(V, \mathbb{C}),\ T_1, \cdots, T_r \in H^2(V, \mathbb{C})$$

라 하자.

$N_i(g_j) = -T_i \cup g_j = -\left(\int_V T_i \cup g_j\right) g_0 = -\delta_{ij} g_0$이고 (δ_{ij})는 행렬식$\neq 0$이므로 0에서 맥시말-유니포텐트-모노드로미를 갖는다. ■

(2) (V, ω)를 d-차원 칼라비-야우다양체라 하자.

(ⅰ) 호지분리(Hodge decomposition) :

$$H^k(V, \mathbb{C}) = \bigoplus_{p+q=k} H^{p,q}(V).$$

호지필트레이션(Hodge filtration) :

$$F^p = \bigoplus_{a \le d-p} H^{a,b}(V),\ F^p \supset F^{p+1}.$$

(ⅱ) **모노드로미-가중치-필트레이션**(monodromy weight filtration) :

$$W_i = \bigoplus_{j \ge 2d-i} H^j(V, \mathbb{C}),\ W_i \subset W_{i+1},$$

$$Gr_k^W = H^{2d-k}(V, \mathbb{C}),\ \left(Gr_k^W\right)^{p,\,k-p} = H^{d-p,\,d-k+p}(V)\text{이다.}$$

(ⅲ) **어려운 렢셔츠정리**(hard Lefschetz theorem) :

$$\left[\omega^k \cup : H^{d-k}(V, \mathbb{C}) \longrightarrow H^{d+k}(V, \mathbb{C})\right]$$

$$\simeq \left[N^k \cup : \frac{W_{d+k}}{W_{d+k-1}} = Gr_{d+k}^W \to \frac{W_{d-k}}{W_{d-k-1}} = Gr_{d-k}^W\right]$$

은 동형이다.

(ⅳ) **렢셔츠분리**(Lefschetz decomposition) :

$$H^k(V, \mathbb{C}) = \bigoplus_{2r \le k} w^r \cup H_0^{k-2r}(V, \mathbb{C}),$$

여기서 $H_0^{k-2r}(V, \mathbb{C}) :=$

$$\ker\left[\omega^{d-k+2r+1} \cup : H^{k-2r}(V, \mathbb{C}) \longrightarrow H^{2d-k+2r+2}(V, \mathbb{C})\right]$$

은 플리미티브 부분(primitive part)이다.

(v) $Gr_k^W = H^{2d-k}(V, \mathbb{C}) = \bigoplus_p H^{d-p,\, d-k+p}(V)$

$$= \bigoplus_p \left(F^p \cap \overline{F^{k-p}} \cap W_k\right)$$

$$= \bigoplus_p \left(Gr_k^W\right)^{p,\, k-p}$$

이며, $(W_\bullet, F^\bullet)$을 **혼합호지구조**(mixed Hodge structure)라 한다.

(7.2.4) A, B-모델콘넥션(A, B-Model Connections)

만일 (V, ω), 와 (V^0, ω^0)이 d-차원 칼라비-야우 거울대칭 다양체라 하면,

$H^q(V, \Omega^p V) \simeq H^q(V^0, \Lambda^p TV^0)$이므로 $H^{p,q}(V) \simeq H^{d-p,q}(V^0)$이다. 따라서

$$H^{\mathrm{mid}}(V) := \bigoplus_{p=0}^{d} H^{p,p}(V) \simeq H^d(V^0, \mathbb{C}) = \bigoplus_{p=0}^{d} H^{p,\, d-p}(V^0)$$

은 동형이다.

$W_k = \bigoplus_{2j \geq 2d-k} H^{j,j}(V)$, $F^p = \bigoplus_{j \leq d-p} H^{j,j}(V)$라 두면

$(W_\bullet, F^\bullet)$는 $D \in \Delta^r$에서 $H^{\mathrm{mid}}(V)$의 혼합호지구조이다. 또한 $W_{2p} = W_{2p+1}$이고, 모든 p에 대하여,

$$F^p \oplus W_{2p-2} = H^{\mathrm{mid}}(V)$$

이다.

극화(polarization)을

$$S(\alpha, \beta) = (-1)^p \int_V \alpha \cup \beta, \ \alpha \in H^{p, p}(V), \ \beta \in H^{d-p, d-p}(V)$$

로 정의하면, S는 $H^{\mathrm{mid}}(V)$의 **호지-리만-쌍선형-교차**(Hodge-Riemann bilinear intersection)이다.

(1) **정리 및 정의** $\left(H^{\mathrm{mid}}(V), \ \nabla^{\mathrm{mid}}, \ \mathscr{H}_{\mathbb{R}}^{\mathrm{mid}}, \ F^{\bullet}\right)$을 A-**변환호지구조**(A-variation of Hodge structure)라 하고 이때 혼합호지구조를 **호지-테이트**(Hodge-Tate)라 한다.

여기서 $0 \in \Delta^r$는 큰-반경-극한점으로 켈러모듀라이의 극한점(limit point)로 생각한다.

(2) V를 칼라비-야우 3-폴드(Calabi-Yau threefold)라 하자.

$$H^2(V, \mathbb{C}) = H^{1,1}(V) = \mathbb{C}, \ h^2(V) = 1 = h^4(V) \text{이므로}$$

$$H^2(V, \mathbb{C}) = < H = T_1 > \simeq H^4(V, \mathbb{C}) = < C = T^1 >$$

이다. 따라서

$\dim K_{\mathbb{C}}(V) = 1$이고, $q = e^{2\pi i u}$을 켈러모듀라이공간의 좌표라 하자.

미분은 $\dfrac{d}{du} = 2\pi i q \dfrac{d}{dq}$이다.

$$< H, H, H > = \int_V H *_s H *_s H$$

$$= \sum_{d=0}^{\infty} < \Phi_{0, 3, d} > (H \otimes H \otimes H) q^d,$$

$$H *_s H = \frac{1}{5} \sum_{d=0}^{\infty} < \Phi_{0, 3, d} > (H \otimes H \otimes H) q^d \cdot H^2$$

$$=< H, H, H > \frac{1}{5}H^2 =< H, H, H > C.$$

여기서 $\int_V H^3 = 5$이므로 $T^1 = \frac{1}{5}H^2$이다.

따라서 $Y(q) =< H, H, H >$라 두면, $H *_s H = Y(q)\, C$이다.

한편 A-모델콘넥션 ∇^{GW}은

$$\nabla^{GW}_{\frac{\partial}{\partial u}}(H *_s H) = H *_s H *_s H$$

이므로

$$\int_V \nabla^{GW}_{\frac{d}{du}} \nabla^{GW}_{\frac{d}{du}} \nabla^{GW}_{\frac{d}{du}} 1 = \int_V H *_s H *_s H =< H, H, H >$$

이고, $T_0 = 1$이므로

$$< H, H, H > = \int_V 1 \cup \left(\nabla^{GW}_{\frac{d}{du}} \nabla^{GW}_{\frac{d}{du}} \nabla^{GW}_{\frac{d}{du}} 1\right) = \int_V \Omega \wedge \left(\nabla^{GW}_{\frac{d}{du}}\right)^3 \Omega$$

은 B-모델상관함수이다.

(3) A-모델콘넥션 정의 (7.2.1)에 의하여

$$\nabla^{GW}_{\frac{\partial}{\partial u_i}} T_j = T_i *_s T_j$$

$$= \sum_k \sum_{\beta \in H_2(V, \mathbb{Z})} < I_{0,3,\beta} > (T_i, T_j, T_k) q^\beta T^k$$

에 의하여

$$\nabla^{GW}_{\frac{\partial}{\partial u}}(T^0) = 0$$

$$\nabla^{GW}_{\frac{\partial}{\partial u}}(T^1) = T^0$$

$$\nabla^{GW}_{\frac{\partial}{\partial u}}(T_1) =< H, H, H > T^1 = Y(q)\, T^1$$

$$\nabla^{GW}_{\frac{\partial}{\partial u}}(T_0) = T_1$$

이며, A-**모델콘넥션행렬**(A-model connection matrix)은

$$\begin{pmatrix} T^0 \\ T^1 \\ T_1 \\ T_0 \end{pmatrix} = \begin{pmatrix} 0 & 0 & 0 & 0 \\ 1 & 0 & 0 & 0 \\ 0 & Y(q) & 0 & 0 \\ 0 & 0 & 1 & 0 \end{pmatrix}$$

이다.

V의 거울대칭 V^0의 가우스-마닌콘넥션 ∇^{GM}의 행렬과 같다.

따라서 V상의 A-모델콘넥션 ∇^{GW}과 V^0상의 가우스-마닌콘넥션 ∇^{GM}은 같다. ■

7.3 거울대칭정리 (Mirror Symmetry Theorems)

앞에서 퀸틱3-폴드의 거울대칭(mirror symmetry for quintic threefold)을 갖기 위하여 거울대칭(mirror symmetry)를 사용하였다.

거울대칭에서는 $A-$, $B-$모델상관함수를 거울맵(mirror map)으로 동일시했다. 이를 보장하기 위하여 거울정리(mirror theorem)의 증명이 필요하다. 다음은 거울정리를 3가지 버전(version)을 개괄적으로 소개한다. 모두가 **퀸틱3-폴드에 대한 거울대칭**(mirror symmetry for quintic threefold)을 만족한다.

(7.3.1) 호지이론의 거울정리(Mirror Theorem in Hodge Theory)

(V, ω)를 퀸틱3-폴드라 하고 (V^0, ω^0)을 그의 거울대칭이라 하자. 앞에서 V의 켈러모듀라이공간 $Km(V)$의 좌표 q를 V^0의 복소모듀라이 공간의 좌표 x의 함수 $q(x)$로 표시했다. 거울맵으로 두 모듀라이 공간이 동치이므로 q를 V^0의 모듀라이공간의 좌표로 사용할 수 있다.

V^0에서 **정규유카와결합**(normalized Yukawa coupling)

$$Y = \left\langle x\frac{d}{dx},\ x\frac{d}{dx},\ x\frac{d}{dx} \right\rangle = \frac{5}{(2\pi i)^3(1+5^5x)y_0(x)^2}$$

를 구하고 q의 함수로 바꿈으로서 A-모델상관함수의 인스탄톤수(instanton number) n_d을 구했다.

(1) V^0이 칼라비-야우이므로 $H^{3,0}(V^0) = \mathbb{C} = H^{0,3}(V^0)$이고, 거울대칭에 의하여 $H^{1,1}(V) \simeq H^{2,1}(V^0) \simeq H^{1,2}(V^0)$이며, 호지분리에 의하여

$$\begin{aligned} H^3(V^0, \mathbb{C}) &\simeq H^{3,0}(V^0) \oplus H^{2,1}(V^0) \oplus H^{1,2}(V^0) \oplus H^{0,3}(V^0) \\ &\simeq \mathbb{C}^4 = < e_0,\ e_1,\ e_2,\ e_3 > \end{aligned}$$

이다.

(2) V^0의 **가우스-마닌콘넥션**(Gauss-Manin connection) ∇^{GM}의 콘넥션 행렬은

$$\text{행렬}(\nabla^{GM}) \simeq \begin{pmatrix} 0 & 0 & 0 & 0 \\ 1 & 0 & 0 & 0 \\ 0 & Y & 0 & 0 \\ 0 & 0 & 1 & 0 \end{pmatrix} \overset{\sim}{\longleftrightarrow} \begin{cases} \nabla_\delta^{GM}(e_0) = e_1 \\ \nabla_\delta^{GM}(e_1) = Ye_2 \\ \nabla_\delta^{GM}(e_2) = e_3 \\ \nabla_\delta^{GM}(e_3) = 0 \end{cases}, \quad \left(\delta = 2\pi i\, q\frac{d}{dq}\right)$$

로 정의한다. 여기서 모듀라이 좌표는 q이다.
B-모델호지구조변환 Y는 A-모델상관함수로서 **A-모델호지구조변환**(variation of A-model Hodge structure)이 된다.

(3) 거울대칭은 B-모델호지구조 변환을 A-모델호지구조 변환으로 나타내는 것(formulation)이다.

(4) A-모델상관함수는 호지구조의 A-변환(A-variation)을 정의하고, 이는 퀀텀코호몰로지(quantum cohomology)의 퀀텀곱을 정의하고 퀀텀곱은 A-모델콘넥션(A-model connection) ∇^{GW}을 정의하고 이는 $\nabla^{GM}=\nabla^{GW}$이 된다.

(5) 퀸틱3-폴드 $(V,\ w)$와 그의 거울 $(V^0,\ w^0)$에 대하여, 거울맵은 V의 A-변환호지구조와 V^0의 B-변환호지구조 사이의 동형이다. 또한 거울대칭은 A-모델상관함수=B-모델상관함수가 동치임을 의미한다.

(7.3.2) 기벤탈 거울정리(Givental's Mirror Theorem)

(1) 칼라비-야우 3-폴드 거울대칭쌍 $(V,\ \omega)$와 $(V^0,\ \omega^0)$에 대하여 기벤탈의 거울정리는 $(V,\ \omega)$에서 글로모브-위튼 불변량의 일반화인 중력상관자(gravitational correlator)에 의하여 정의된 J-함수와 $(V^0,\ \omega^0)$에서 주기(period)에 의하여 정의되고 $\mathbb{P}^4$의 코호몰로지에서 값을 갖은 I-함수를 연결하는 식이다. 증명은 퀀텀초공간섹션원리(quantum hyperplane section principle)을 이용한다. 여기에 안정맵들의 모듀라이공간상에 **아티야-보트국소정리**(Atiyah-Bott lacalization theorem)이 중요한 역활을 한다. 자세한 증명은 참고문헌 [Givental 2]

을 참고하고 여기에서는 개괄적으로 설명하자.

(2) **기벤탈 J-함수**(Givental J-function)는 퀸틱3-폴드 $V \subset \mathbb{P}^4$에서 코몰로지값을 갖은

$$J = e^{\frac{t_0 + t_1 H}{\hbar}} \left[1 + \hbar^{-2} \sum_{d>0} N_d q^d (dl) - 2\hbar^{-3} \sum_{d>0} N_d q^d (pt) \right]$$

이다.

여기서 $q = e^{t_1}$, $l \subset V$는 라인, $\mathrm{pt} \in V$는 점,

$N_d = < \Phi_{0,0,d} > = \sum_{k/d} n_{\frac{d}{d}} \cdot k^{-3}$이다.

글로모브-위튼불변량

$$< \Phi_{0,3,d} > (H \otimes H \otimes H) = d^3 < I_{0,0,d} > = d^3 N_d$$

이다.

$J \in H^*(V, \mathbb{C})$이므로, 포함맵 $i : V \to \mathbb{P}^4$에 대하여

$J_\nu := i!(J) \in H^*(\mathbb{P}^4, \mathbb{C})$는 기신맵(Gysin map)의 상이다. 여기서

$\mathcal{V} = \mathcal{O}_{\mathbb{P}^4}(5)$, 오일러류 $\mathrm{Euler}(\mathcal{V}) = 5H \in H^2(\mathbb{P}^4)$이다.

$$J_\nu = e^{\frac{(t_0 + t_1 H)}{\hbar}} 5H \left[1 + \hbar^{-2} \sum_{d>0} N_d q^d d \frac{1}{5} H^2 - 2\hbar^{-3} \sum_{d>0} N_d q^d \frac{1}{5} H^3 \right]$$

이다. 따라서 인스탄톤수 n_d는 기벤탈 J_ν-함수에 의하여 정해진다.

(3) **기벤탈 I_ν-함수**(Givental I_ν-function)는 $H^*(\mathbb{P}^4)$의 원소

$$I_\nu = e^{\frac{(t_0 + t_1 H)}{\hbar}} 5H \sum_{k=0}^{\infty} e^{dt_1} \frac{(5H + \hbar) \cdots (5H + 5d\hbar)}{[(H + \hbar) \cdots (H + d\hbar)]^5}$$

로 정의한다.

기벤탈에 의하여 I_ν가 V의 거울 V^0의 주기(period)에 주어진다.

(4) **기벤탈 거울정리**(Givental Mirror Theorem)

$$J_\nu = \frac{I_\nu}{y_0}.$$

여기서 $y_0 = \int_{r_0} \Omega$이다.

대략설명 (i) 증명을 위해서는 모듀라이공간 $\mathcal{M}_{0,3}(V, \beta)$의 에쿠이바리안트(equivariant) 코호몰로지와 국소화정리(localization theorem)를 사용하여 증명한다.

(ii) I_ν를 간소화하기 위하여 $t_0 = 0$, $\hbar = 1$이라 하자.

$$I_\nu = e^{t_1 H} 5H \sum_{d=0}^{\infty} e^{dt_1} \frac{\prod_{i=1}^{5d}(5H+i)}{\left[\prod_{i=1}^{d}(H+i)\right]^5}$$

$$= 5H\left[y_0(t_1) + y_1(t)H + y_2(t_1)H^2 + y_3(t_1)H^3\right]$$

이다.

변수 t_1을 x로 변환 $x = -e^{t_1}$하면 I_v는 V^0상에서 피카르-푹스방정식을 만족한다. 또한 $\{y_0, y_1, y_2, y_3\}$가 해의 기저(basis)이고 $q = \exp\left(\frac{y_1}{y_0}\right)$로 두고 정리를 증명한다.

(iii) (ii)식을 이용하여 전개하면

$$\frac{I_\nu}{y_0} = 5H\left[1 + (t_1 + 770e^t + \cdots)H + \left(\frac{t_1^2}{2} + 770t_1 e^{t_1} + 575e^t + \cdots\right)H^2\right.$$
$$\left. + \left(\frac{t_1^3}{6} + 385t_!^2 e^{t_1} + 575t_1 e^{t_1} - 1150e^{t_1} + \cdots\right)H^3\right]$$

$$= 5H\left[1 + 5H + \left(\frac{s^2}{2} + 575q + \cdots\right)H^2 + \left(\frac{s^3}{6} + 575sq - 1150q + \cdots\right)H^3\right]$$

여기서 $s = \log q$이다. 미분 $\frac{d}{ds} = q\frac{d}{dq} := {}'$라 두고, 2번 미분하면

$$\left(\frac{I_\nu}{y_0}\right)'' = 5(1 + 575q + \cdots)H^3 + 5(s + 575sq + \cdots)H^4$$

$$= (5 + 2875q + \cdots)(H^3 + sH^4).$$

한편 정규유카와결합은 $Y = 5 + 2875q + \cdots$이다.

따라서 I_ν는 거울공간 V^0의 주기(period) $y = \int_r \Omega$에 의해서 결정된다.

(iv) $\left(\frac{I_\nu}{y_0}\right)'' = Y(H^3 + sH^4)$이다. 한편

$$J_\nu = e^{\frac{(t_0 + t_1 H)}{\hbar}} 5H\left[1 + \hbar^{-2}\sum_{d>0} N_d q^d d\frac{1}{5}H^2 - 2\hbar^{-3}\sum_{d>0} N_d q^d \frac{1}{5}H^3\right]$$

에서 $t_0 = 0$, $\hbar = 1$라 두면

$$J_\nu = e^{t_1 H} 5H\left[1 + \sum_{d>0} N_d q^d d\frac{1}{5}H^2 - 2\sum_{d>0} N_d q^d \frac{1}{5}H^3\right]$$

이다.

$s = \log q$라 두고 미분 $' := \frac{d}{ds} = q\frac{d}{dq}$라 하면

$$J_\nu'' = \langle H, H, H\rangle (H^3 + sH^4)$$

이다. 따라서

$\left(\dfrac{I_\nu}{y_0}\right)'' = J_\nu''$이므로 $< H, H, H >= Y$이 된다.

다시 말하면, A-모델상관함수 $=$ B-모델상관함수 되고, **퀸틱3-폴드에 대한 거울대칭식**을 얻는다.

(7.3.3) 리안-리우-야우 거울정리(Lian-Liu-Yau Theorem)

다음은 리안-리우-야우(Lian-Liu-Yau)의 오일러데이터와 글로모브-위튼포텐셜에 의한 거울정리를 간략하게 소개하자.

(1) $V \subset \mathbb{P}^4$를 퀸틱3-폴드라 하자.

다음 다이아그램을 생각하자.

2차원 호몰로지류 $d := dl \in H_2(\mathbb{P}^4, \mathbb{Z}) = \mathbb{Z}$에 대하여

$$\begin{array}{ccccc} \mathscr{M}_{0,1}(\mathbb{P}^4, d) & \xrightarrow{\quad e \quad} & \mathbb{P}^4 & \longleftarrow & \mathcal{V} := \mathscr{O}_{\mathbb{P}_4}(5) \\ \downarrow \pi & & & & \\ \mathscr{M}_{0,0}(\mathbb{P}^4, d) & \longleftarrow & \pi ! e^* (\mathcal{V}) := \mathcal{V}_d & & \end{array}$$

여기서 e는 이벨류에이션맵(evaluation map), π는 마크포인트 없애는 포겟풀맵(forgetful marked point map), $\pi!$는 기신(Gysin)맵이다.

다음 코호몰로지 다이아그램을 생각하자.

$$\begin{array}{ccc} H^2(\mathbb{P}^4) & & \\ \downarrow & & \\ H^2\big(\mathscr{M}_{0,1}(\mathbb{P}^4, d)\big) & \xleftrightarrow{\quad PD \quad} & H_{2(5d+1)}\big(\mathscr{M}_{0,1}(\mathbb{P}^4, d)\big) \\ \Big\downarrow \pi ! & & \Big\downarrow \pi_* \\ H^0\big(\mathscr{M}_{0,1}(\mathbb{P}^4, d)\big) & \xleftrightarrow{\quad PD \quad} & H_{2(5d+1)}\big(\mathscr{M}_{0,0}(\mathbb{P}^4, d)\big) \end{array}$$

여기서 $\dim\left(\mathcal{M}_{0,1}(\mathbb{P}^4, d)\right) = 2(5d+2)$,

$\dim\left(\mathcal{M}_{0,0}(\mathbb{P}^4, d)\right) = 2(5d+1)$,

PD는 포앙카레듀알이다.

(2) 엄밀하게 말하면 $\mathcal{M}_{0,0}(\mathbb{P}^4, d)$는 모듀라이공간(moduli space)으로서와 **스탁**(stack)으로서 의미는 다르다. 오비폴드로서 스므스 모듀라이공간을 얻기 위하여 횡단성 만족하는 복소구조를 찾거나 스탁에서 구할 수 있다. 그러나 계산할 때 차이가 없으므로 혼용한다.

벡터번들 $\mathcal{V}_d \rightarrow \mathcal{M}_{0,0}(\mathbb{P}^4, d)$의 랭크(rank)는 $(5d+1)$이다.

오일러류는 $c_{5d+1}(\mathcal{V}_d) \in H^{2(5d+1)}\left(\mathcal{M}_{0,0}(\mathbb{P}^4, d)\right)$이며, 오일러수는

$$\int_{\mathcal{M}_{0,0}(\mathbb{P}^4, d)} c_{5d+1}(\mathcal{V}_d) \in H_0\left(\mathcal{M}_{0,0}(\mathbb{P}^4, d)\right) = \mathbb{Q}$$

이다.

따라서 글로모브-위튼불변량

$$< \Phi_{0,0,d} > = \int_{\mathcal{M}_{0,0}(\mathbb{P}^4, d)} c_{5d+1} = \int_{\mathcal{M}_{0,0}(\mathbb{P}^4, d)} \mathrm{Euler}(\mathcal{V}_d)$$
$$= N_d = \sum_{k/d} n_{\frac{d}{k}} \cdot k^{-3}$$

는 인스탄톤수이다.

(3) **글로모브-위튼포텐샬**(Gromov-Witten potential)은

$$\Phi(T) = \frac{5}{6}T^3 + \sum_{d>0} N_d e^{dT} = \frac{5}{6}T^3 + \sum_{d=1}^{\infty} < I_{0,0,3} > q^d$$

이며, T에 관하여 3번 미분하면

$$\Phi''' = 5 + \sum_{d=1}^{\infty} n_d \cdot d^3 \frac{q^d}{1-q^d},\ N_d = \sum_{k/d} n_{\frac{d}{k}} \cdot k^{-3}$$

는 A-모델상관함수이다.

$H^*(\mathbb{P}^4, \mathbb{C})$에서 (7.3.2), (3)와 (4, ii)에 의하여

$$I_\nu = e^{tH} \sum_{d \geq 0} \frac{\prod_{m=0}^{5d} (5H+m)}{\prod_{m=1}^{d} (H-m)^5} e^{dt}$$

$$= 5H\big(y_0(t) + y_1(t)H + y_2(t)H^2 + y_3(t)H^3\big)$$

이고,

$$P(t) :\equiv \frac{I_\nu}{y_0(t)} = 5H\left(1 + \frac{y_1}{y_0}H + \frac{y_2}{y_0}H^2 + \frac{y_3}{y_0}H^3\right)$$

이다.

거울맵은 $q = \exp\frac{y_1}{y_0}$이다. $s = \Phi(t) = \dfrac{y_1(t)}{y_0(t)}$라 두자.

따라서 $q = e^s$이고, 글로모브-위튼포텐셜은

$$\Phi(s) = \frac{5}{6}s^3 + \sum_{d=1}^{\infty} N_d q^d = \frac{5}{6}s^3 + \sum_{d>0} < I_{0,0,0} > q^d$$

이다.

(4) 다음은 각 원소 $[\mathbb{P}^1 \to \mathbb{P}^4] \in \mathscr{M}_{0,0}(\mathbb{P}^4, d)$는 **그래프**(graph)을 고려하면 $\mathscr{M}_{0,0}(\mathbb{P}^1 \times \mathbb{P}^4, (1, d))$의 원소를 대응할 수 있다. 사영공간을 $N_d := \mathbb{P}\big(H^0(\mathbb{P}^1, \mathscr{O}_{\mathbb{P}^1}(d)^5)\big)$로 두고, 군 $G = \mathbb{C}^* \times (\mathbb{C}^*)^5$은 $\mathbb{P}^1 \times \mathbb{P}^4$에

$$(t, t_0 \cdots t_4) \cdot ((w_1, w_2), (z_0, \cdots, z_4))$$
$$= \left((t^{-1}w_0, w_1), (t_0^{-1}z_0, \cdots t_4^{-1}z_4)\right)$$

로 작용한다 하자.

자연스러운 G-에쿠이바리안트맵(equivariant map)

$\rho : \mathcal{M}_{0,0}(\mathbb{P}^1 \times \mathbb{P}^4, (1, d)) \to \dot{N}_d$이 있다.

$$\pi : \mathcal{M}_{0,0}(\mathbb{P}^1 \times \mathbb{P}^4, (1, d)) \to \mathcal{M}_{0,0}(\mathbb{P}^{4,} d)$$

를 사영맵이라 하고, 오일러류를

$$E_G(\mathcal{V}_d) := \text{Euler}_G(\pi^*(\mathcal{V}_d) \in H_G^* \mathcal{M}_{0,0}(\mathbb{P}^1 \times \mathbb{P}^4, (1, d))$$

라 두자. G-**에쿠이바리안트 코호몰로지류**(equivariant cohomology class)

$$\hat{Q} = \rho!(E_G(\mathcal{V}_d)) \in H_G^*(N_d)$$

라 정의하자.

G-에쿠이바리안트 코호몰로지류를 0(제로)로 가면 코호몰로지류

$$Q(t) = 5H\left(1 + \frac{y_1}{y_0}H + \frac{\Phi'}{5}H + \frac{\frac{y_1}{y_0}\Phi' - 2\Phi}{5}H^3\right)$$

구한다. 위의 줄거리를 종합하면 다음 거울정리를 얻는다.

(5) 리안-리우-야우 정리 (LLY)

(ⅰ) $P(t) = Q(t)$

(ⅱ) $\Phi\left(\frac{y_1(t)}{y_0(t)}\right) = \frac{5}{2}\left(\frac{y_1}{y_0} \cdot \frac{y_2}{y_0} - \frac{y_3}{y_0}\right).$

(6) **주의** (ⅰ) 글로모브-위튼포텐셜의 전개에서 나오는 인스탄톤수(instanton number) n_d을 구하기 위하여, A-모델상관함수 = B-모델함수를 이용한다. 이를 보장하기 위하여 거울정리(mirror theorem)를 사용하였다.

(ⅱ) A-모델상관함수는 켈러모듀라이공간 상에서 글로모브-위튼포텐셜을 이용하였고, B-모델상관함수 측면에서는 복소모듀라이공간 상에서 가우스-마닌콘넥션과 에쿠이바리안트 코호몰로지와 국소정리(localization theorem)을 사용하였다.

(iii) 정리(5)의 (ⅱ)에서

$\frac{d^3}{ds^3}\Phi(s)$는 A-모델상관함수이고,

$\frac{d^3}{ds^3}\left[\frac{5}{2}\left(\frac{y_1}{y_0}\cdot\frac{y_2}{y_0}-\frac{y_3}{y_0}\right)\right]=Y$는 B-모델상관함수이다.

따라서 **퀸틱3-폴드에 대한 거울대칭**(mirrorsymmetry for quintic threefold)식을 얻는다.

부 록 (Appendix)

부록 A와 B에서는 본문의 이해를 돕기 위하여 피카르-푹스방정식과 칼라비-야우 3-폴드 상에서 거울대칭정리를 소개하였다. 피카르-푹스방정식은 켈러모듀라이 공간과 복소모듀라이공간을 연결하는 거울맵을 정의하고, 모듀라이 공간의 좌표를 구체적으로 구하는데 피카르-푹스 미분방정식을 풀어서 구한다.

구체적 미분방정식 해는 미분방정식론에서 논하지만 해의 존재성 같은 결과는 받아들이고 개괄적으로 소개했다.

또한 칼라비-야우 3-폴드에서 호지이론의 거울대칭정리, 기벤탈의 거울대칭정리, 리안-리우-야우의 거울대칭정리를 소개했다. 기벤탈과 리안-리우-야우의 거울대칭정리는 호지의 거울대칭을 유도하는 더 일반적인 정리다.

부록 C는 칼라비-야우다양체와 거울대칭에 직접 혹은 간접으로 관련된 수학자와 물리학자를 소개하였다.

A. **피카르-푹스 방정식**(Picard-Fuchs Equation).

B. **칼리비-야우 3-폴드의 거울대칭**(Mirror Symmetry of Calabi-Yau 3-folds).

C. **수학자**(Mathematians)

A 피카르-푹스방정식 (Picard-Fuchs Equation)

초닮음장이론(SCFT)에서 켈러모듀라이공간과 복소모듀라이공간 사이의 거울맵을 구체적으로 구하는데 피카르-푹스방정식은 중요한 역활을 한다. 여기서 퀸틱3-폴드(quintic threefold) (V, ω)와 그의 거울대칭 (V^0, ω^0)에서 피카르-푹스방정식을 개괄적으로 유도하자.

A.1. 거울대칭공간(Mirror Sysmetry Space)

퀸틱3-폴드를 $V=\left\{[x_0, \cdots, x_4] \in \mathbb{P}^4 \;\middle|\; \sum_{i=0}^{4} x_i^5 = 0\right\}$라 하자.

군 $G := \dfrac{\{(a_0, \cdots, a_4) \in \mathbb{Z}_5^5 \mid \Sigma a_i = 0 \ (\mathrm{mod}\ 5)\}}{\mathbb{Z}_5}$,

여기서 $\mathbb{Z}_5$는 대각(diagonal)으로 작용한다.

$$W := \left\{[x_0, \cdots, x_4] \in \mathbb{P}^4 \;\middle|\; f := \sum_{i=0}^{4} x_i^5 + \psi \sum_{i=0}^{4} x_i = 0\right\}$$

와 $\mathbb{P}^4$상에서 G는 $(a_0, \cdots, a_4) \cdot [z_0, \cdots, z_4] = [\mu^{a_0} z_0, \cdots, \mu^{a_4} z_4]$로 작용한다. 여기서 $\mu = e^{\frac{2\pi i}{5}}$ 이다.

공간 $V^0 := \dfrac{W}{G} \subset \dfrac{\mathbb{P}^4}{G}$은 V의 거울대칭공간이다.

여기서 V^0는 오비폴드이므로 특이점은 제거하기 위하여 **분해**(resolution)하면, 복소수 $\psi \neq -5\mu^i$, $i = 0, \cdots, 4$, $\mu = e^{\frac{2\pi i}{5}}$ 이면 분해된 V^0는 칼라비-야우 3-폴드이다.

거울대칭 성질에 의하여

$$h^{1,1}(V) = \dim H^1(V, \Omega^1 V) = \dim Km(V)$$
$$= \dim H^1(V^0, TV^0) = \dim H^{2,1}(V^0) = \dim Cm(V^0) = 1,$$

(V, ω)에서 $H^2(V, \mathbb{C}) = H^{1,1}(V) = < H > = \{tH \mid t \in \mathbb{C}\} \simeq \mathbb{C}$이다.

(A.1.1) (V, ω)에서 A**-모델상관함수**(A-model correlation function)는

$$<H, H, H> = 5 + \sum_{d=1}^{\infty} n_d d^3 \frac{q^d}{1-q^d}$$

이고, 여기서 $q = e^{2\pi i \int_l \omega}$, $H_2(V, \mathbb{Z}) = <l> = \{dl \mid d \in \mathbb{Z}\} = \mathbb{Z}$, $l \subset V$은 라인,

이다.

A.2. 복소켈러모듈라이공간(Complexified Kähler Moduli Space)

(A.2.1) V의 켈러콘(Kähler cone)을 $K(V)$라 하고 **복소켈러공간**(complexified kähler moduli space)을

$K_{\mathbb{C}}(V) := \dfrac{[H^2(V, \mathbb{R}) + iK(V)]}{H^2(V, \mathbb{Z})}$라 하면 복소켈러공간의 좌표는

$$q : K_{\mathbb{C}}(V) \longrightarrow \Delta^*$$
$$t \mapsto q(t) = e^{2\pi i t} = e^{2\pi i \int_l tH} = e^{2\pi i \int_l \omega}$$

이고, $\omega = tH$이다. 만일 $\mathrm{Im}\, t \to \infty$이면 $q(t) \to 0$이다.

여기서 H는 $H^2(V, \mathbb{Z})$의 생성원이고, l은 $H_2(V, \mathbb{Z})$의 생성원이다.

그림으로는 (5.3) (3) (ⅰ)을 참조하면, 복소켈러공간 $K_{\mathbb{C}}(V)$의 국소 좌표는

$$q : K_{\mathbb{C}}(V) \longrightarrow \Delta^*$$

이고, $q=0$가 $K_{\mathbb{C}}(V)$의 경계점이며 특이점이다.

(A.2.2) 거울공간 V^0를 생성하는 방정식 $z_0^5 + \cdots + z_4^5 + \psi z_0 \cdots z_4 = 0$의 상수 $\psi \in \mathbb{C}$로부터 복소모듈라이 공간의 좌표를 유도하자.

복소모듈라이공간 $Cm(V^0) \longrightarrow \mathbb{C} - \{0\}$

$$\psi \mapsto x = \psi^{-5}$$

만일 $\psi \to \infty$ 이면 $x \to 0$이다.

만일 $\psi = -5\mu^j$, $j = 0, 1, \cdots, 4$, $\mu = e^{\frac{2\pi i}{5}}$ 이면 $x = -5^{-5}$이다.

따라서 $x = 0$와 $x = -5^{-5}$가 경계점이며 특이점이다.

목표는 (ⅰ) 켈러모듈라이공간 $Km(V)$의 경계점 $q=0$의 근방, 즉 큰-반경-경계(large radius boundary) 근방에서 좌표를 구하고,

(ii) 복소모듈라이공간 $Cm(V^0)$의 경계점 $x=0$의 근방, 즉 맥시말-유니포텐트-모노드로미(maximal unipotent monodromy)의 좌표를 연결하는 거울맵(mirror map)을 구하는 것이다.

(A.2.3) (V, ω)의 거울대칭공간 (V^0, ω^0)의 복소모듈라이공간을

$\mathcal{C}m(V^0)$라 하면, B-모델상관함수(B-model correlation function)는

$$Y = \int_{V^0} \Omega \wedge \Omega'''$$

이다. 여기서 Ω는 V^0에서 홀로몰픽 3-폼(holomorphic 3-form)이고 미분 $'$는 x에 관한 미분이다.

유카와결합(Yukawa coupling) $Y(x)$를 x함수로 표시하고 거울맵으로 유카와결합 $< H, H, H >$에서 q를 x의 함수로 표시하자.

(A.2.4) V^0의 코호몰로지를 알아보자.

(V^0, ω^0)가 칼라비-야우이므로 $\Omega^3(V^0) \simeq \mathcal{O}_{V^0}$이고

$H^{3,0}(V^0) = H^0(V^0, \Omega^3(V^0)) = H^0(V^0, \mathcal{O}_{V^0}) = \mathbb{C}$이고,

거울대칭에 의하여 $H^{2,1}(V^0) = H^1(V^0, TV^0) = H^1(V, \Omega V) = \mathbb{C}$

이므로 $H^3(V^0, \mathbb{C}) = H^{3,0}(V^0) \oplus H^{2,1}(V^0) \oplus H^{1,2}(V^0) \oplus H^{0,3}(V^0)$

$= \mathbb{C} \oplus \mathbb{C} \oplus \mathbb{C} \oplus \mathbb{C} = \mathbb{C}^4$이고, 호지 필트레이션(Hodge filteration)은

$F^0H^3(V^C, \mathbb{C}) \supset F^1H^3(V^0, \mathbb{C}) \supset F^2H^3(V^0, \mathbb{C}) \supset F^3H^3(V^0, \mathbb{C})$

이고 $\Omega \in F^3(H^3(V^0, \mathbb{C})) = H^{3,0}(V^0) = \mathbb{C}$이다.

따라서 Ω는 $\lambda\Omega$, $\lambda \neq 0$만큼 차이가 있을 수 있음으로 Y의 정규화(normalization)가 필요하다.

A.3. 피카르-푹스 방정식(Picard-Fuchs Equation)

(V^0, ω^0, J^0)의 복소모듀라이공간 $\mathcal{C}m(V^0)$의 접공간(tangent space)은 $T_{J^0}\mathcal{C}m(V^0) \simeq H^{2,1}(V^0) \simeq \mathbb{C}$이다.

$x = 0$ 근방에서 맥시말-유니포텐트-모노드로미를 갖는다.

포앙카레듀알 $H^3(V^0, \mathbb{Z}) \simeq H_3(V^o, \mathbb{Z})$과 필트레이션

$$H^3(V^0, \mathbb{C}) = H^{3,0}(V^0) \oplus H^2(V^0) \oplus H^{1,2}(V^0) \oplus H^{0,3}(V^0)$$
$$= F^0H^3(V^o, \mathbb{C}) \supset F^1H^3(V^0, \mathbb{C}) \supset F^2H^3(V^0, \mathbb{C}) \supset F^3H^3(V^0, \mathbb{C})$$
$$= H^{3,0}(V)$$

를 고려하면,

모리슨(Morrison)에 의하여 V^0에서 미니말정수소멸 3-사이클 (minimal integral vanishing 3-cycle) r_0와, 미니말정수 3-사이클 (minimal integral 3-cycle) r_1이 존재하고 r_0는 모노드로미에 의하여 불변이고 r_1는 $r_1 + r_0$만큼 변한다.

따라서 $\exp 2\pi i\left(\int_{r_1} \Omega \Big/ \int_{r_0} \Omega\right)$는 모노드로미에 의하여 불변이다.

또한 Ω의 상수변화에 대하여도 불변이다.

(A.3.1) $y_0 = \int_{r_0} \Omega$, $y_1 = \int_{r_1} \Omega$라 두면, **모노드로미변환** (monodromy transformation)에 의하여 $y_0 \mapsto b_1 y_0$, $y_1 \mapsto b_1 y_1 + b_2 y_0$가 된다. 이는 Ω가 모노드로미에 의하여 변하기 때문이다.

만일 $t = \int_{r_1} \Omega \Big/ \int_{r_0} \Omega$라 두면, 모노드로미변환에 따라

$$q = e^{2\pi i t} \mapsto q = c_1 e^{2\pi i t},\ c_1 = \exp\left(\frac{2\pi i\, b_2}{b_1}\right)$$

이 된다. 여기서 c_1를 **모노드로미상수**(monodromy constant)라 한다.

(A.3.2) V^0상의 3-사이클 r에 대하여, **주기**(period) $y = \int_r \Omega$는

피카르-푹스방정식(Picard-Fuchs equation)이라 부르는 미분방정식, $y'''' + f_1(x)y''' + f_2(x)y'' + f_3(x)y' + f_4(x)y = 0$을 만족한다. 여기서 $b_3(V^0) = 4$이고 $f_i(x)$는 x의 함수이고 $'$는 x에 관한 미분이다.

A.4. 글리피스-드워크 방식(Griffiths-Dwork Method)

V^0의 코호몰로지를 구하기 위하여 **글리피스-드워크 방식**(Griffiths-Dwork method)를 소개하자.

(A.1)의 $W \subset \mathbb{P}^4$에 대하여

$$4\text{-폼 } \Omega_0 = \sum_j (-1)^j x_j \cdot dx_0 \wedge \cdots \wedge \widehat{dx_j} \wedge \cdots \wedge dx^4$$

은 $H^4(\mathbb{P}^4 - W)$의 원소이다.

(A.4.1) 정리(Griffiths)

$W = \{f = 0\} \subset \mathbb{P}^4$에 대하여, 여기서 f는 5차 동차다항식이다.

(1) $H^4(\mathbb{P}^4 - W) = \left\{ \dfrac{p\Omega_0}{f^k} \;\middle|\; \deg(p) = 5k - 5,\ p : \text{동차다항식} \right\}$,

(2) **잉여맵**(residue map)은 $\mathrm{Res} : H^4(\mathbb{P}^4 - W) \longrightarrow H^3(W)$

$$\int_r \mathrm{Res}\, \frac{p\Omega_0}{f^k} = \int_{T(r)} \frac{p\Omega_0}{f^k}$$

정의한다. 여기서, r는 W의 3-사이클이고, $T(r) \subset (\mathbb{P}^4 - W)$는 r상의 **써클번들**(circle bundle)이다.

Res는 잘 정의되고 전사(surjective)이다.

(3) $\mathrm{Res}\left(\frac{p\Omega_0}{f^k}\right) \in F^{4-k}\left(H^3(V^0, \mathbb{C})\right)$이고, 미분은

$\mathrm{Res}\left(\frac{p\Omega_0}{f^k}\right)' \in F^{3-k}\left(H^3(V^0, \mathbb{C})\right)$이다.

V^0상의 홀로몰픽 3-폼 $\Omega = \mathrm{Res}\frac{\psi\Omega_0}{f}$로 정의한다.

(A.4.2) G-불변 3-폼 $w_1 = \frac{\psi\Omega_0}{f}$, $x = \psi^{-5}$라 두면

$$\delta := x\frac{d}{dx} = -\frac{1}{5}\psi\frac{d}{d\psi}$$

이다.

G-불변 3-폼 $w_j = \frac{(-1)^{j-1}\psi^j}{f^j}\left(\prod_{i=0}^{4} x_i\right)\Omega_0,\ j = 1,\ \cdots,\ 4.$

라 두자. $x_0 \mapsto \mu^{-1}x_0$, $\psi \mapsto \mu\psi$라 하면 $V_\psi^0 \simeq V_{\mu\psi}^0$은 동형이다.

또한 $\mathrm{Res}(w_j) \in F^{4-j}H^3(V^0, \mathbb{C})$이다.

호지분리는 $H^3(V^0, \mathbb{C}) = \oplus H^{4-j, j-1}(V^0)$이고, 호지필트레이션은

$$H^3(V^0, \mathbb{C}) = F^0 \supset F^1 \supset F^2 \supset F^3 = H^{3,0}(V^0),$$

$$h^{0,3} = h^{1,2} = h^{2,1} = h^{3,0} = 1 \text{ 이다.}$$

글뢰브너 기저(Gröbner basis)에 따르면

$$\mathrm{Res}(w_j) \in H^{4-j, j-1}(V^0),\ j = 1, 2, 3, 4$$

는 기저이다.

$\delta w_j = -\frac{j}{5}(w_j + w_{j+1}),\ j = 1,\ \cdots,\ 4$이고

$w_1,\ \delta w_1,\ \delta^2 w_2,\ \delta^3 w_1,\ \delta^4 w_1$을 적용하면

$$(*)\quad \begin{pmatrix} w_1 \\ \delta w_1 \\ \delta^2 w_1 \\ \delta^3 w_1 \end{pmatrix} = \begin{pmatrix} 1 & 0 & 0 & 0 \\ -\frac{1}{5} & -\frac{1}{5} & 0 & 0 \\ \frac{1}{25} & \frac{3}{25} & \frac{2}{25} & 0 \\ -\frac{1}{125} & -\frac{7}{125} & -\frac{12}{125} & -\frac{6}{125} \end{pmatrix} \begin{pmatrix} w_1 \\ w_2 \\ w_3 \\ w_4 \end{pmatrix}$$

관계식을 얻는다. 또한

$$\delta^4 w_1 = \frac{5x}{1+5^5x} w_1 + \frac{75x}{1+5^5x} w_2 + \frac{250x}{1+5^5x} w_3 + \frac{300x}{1+5^5x} w_4$$

이 식에 $(*)$을 적용하면 **피카르-푹스 방정식**을 얻는다.

(A.4.3) 정리

(1) $$\left(x\frac{d}{dx}\right)^4 y + \frac{2\cdot 5^5 x}{1+5^5x}\left(z\frac{d}{dx}\right)^3 y + \frac{7\cdot 5^4 x}{1+5^5x}\left(x\frac{d}{dx}\right)^2 y + \frac{2\cdot 5^4 x}{1+5^5x}\left(x\frac{d}{dx}\right) y + \frac{24\cdot 5x}{1+5^5x} y = 0$$

을 얻는다.

(2) y_0, y_1, y, Ω와 유카와 결합 Y는 피카르-푹스방정식을 만족한다.

A.5. 거울맵(Mirror Map)

B-모델상관함수를 (V^0, w^0)상에서 구해보자. **유카와결합**(Yukawa coupling)은

$$Y = \left\langle x\frac{d}{dx}, x\frac{d}{dx}, x\frac{d}{dx} \right\rangle = \int_{V^0} \Omega \wedge \Omega''',$$

여기서 미분 $'$은 $x\frac{d}{dx}=\frac{d}{d\log x}$이다.

글리피스 횡단성(Griffiths transversality)에 의하여 Ω, Ω', Ω''는 (0, 3)-성분을 갖지 않으므로

$\int_{V^0}\Omega\wedge\Omega=\int_{V^0}\Omega\wedge\Omega'=\int_{V^0}\Omega\wedge\Omega''=0,$

미분하면 $\int_{V^0}\Omega\wedge\Omega''''+2\int_{V^0}\Omega'\wedge\Omega'''=0$이고,

$Y'=\int_{V^0}\Omega'\wedge\Omega'''+\int_{V^0}\Omega\wedge\Omega''''$이다.

피카르-푹스방정식에 의하여

$$\Omega''''+\frac{2\cdot 5^5x}{1+5^5x}\Omega'''+\frac{7\cdot 5^4x}{1+5^5x}\Omega''+\frac{2\cdot 5^4x}{1+5^5x}\Omega'+\frac{24\cdot 5x}{1+5^5x}\Omega=0$$

이다. $\Omega\wedge$을 취하고, 적분 $\int_{V^0}$하면

$$x\frac{d}{dx}Y=\frac{-5^5x}{1+5^6x}Y$$

이다. 따라서 $Y=\frac{c_2}{1+5^5x}$이다. 여기서 c_2는 **적분상수**(integral constant)이다.

$y_0(x)=\int_{V_0}\Omega=1$이 되도록 Ω을 $\frac{\Omega}{y_0(x)}$로 **정규화**(normalization) 하면, $Y=\int_{V_0}\Omega\wedge\Omega'''$은 $\frac{Y}{y_0(x)^2}$이 된다.

(A.5.1) 정의

$$\left\langle x\frac{d}{dx},\ x\frac{d}{dx},\ x\frac{d}{dx}\right\rangle = \frac{c_2}{(1+5^5x)\,y_0(x)^2}$$ 을

정규유카와결합(normalized Yukawa coupling)이라 한다.

(A.5.2) 피카르-푹스방정식 :

$$\left(x\frac{d}{dx}\right)^4 y + \frac{2\cdot 5^5x}{1+5^5x}\left(x\frac{d}{dx}\right)^3 y + \frac{7\cdot 5^4x}{1+5^5x}\left(x\frac{d}{dx}\right)^2 y$$
$$+\frac{2\cdot 5^4x}{1+5^5x}\left(x\frac{d}{dx}\right)y + \frac{24\cdot 5x}{1+5^5x}y = 0$$

을 일반 초미분방정식의 해법에 의하여 구하면

$$y_0(x) = \sum_{n=0}^{\infty}\frac{(5n)!}{(n!)^5}(-x)^n = 1-120x+\cdots,$$

$$y_1(x) = y_0(x)\log(-x) + 5\sum_{n=1}^{\infty}\frac{(5n)!}{(n!)^5}\left[\sum_{j=n+1}^{5n}\frac{1}{j}\right](-x)^n$$

이 된다.

(A.5.3) 거울맵(mirror map)을

$$t = \frac{y_1}{y_0} = \int_{r_1}\Omega \Big/ \int_{r_0}\Omega,$$

$$q = \exp 2\pi i\left(\int_{r_1}\Omega \Big/ \int_{r_0}\Omega\right) = e^{2\pi i\frac{y_1}{y_0}} = c_1 e^{2\pi i\frac{y_1}{y_0}},$$

모노드로미 상수 $c_1 = \exp 2\pi i\dfrac{b_2}{b_1}$,

로 정의한다. 여기서 c_1는 모노드로미로 인한 상수이다.

따라서 **거울맵**은

$$q(x)=c_1(x-770x^2+\cdots)$$

이고 그 **역함수**(inverse function)는

$$x(q)=\frac{q}{c_1}+770\left(\frac{q}{c_1}\right)^2+\cdots$$

상수 $c_1=-1$과 **적분상수** $c_2=\frac{5}{(2\pi i)^3}$은 퀸틱3-폴드의 거울대칭에 의하여 정해진다.

A.6. 인스탄톤수(Instanton Number)

퀸틱3-폴드 거울쌍 (V, w)와 (V^0, w^0)에 대하여

$$H^1(V, \Omega^1 V)=<H>\simeq H^1(V^0, TV^0)=\mathbb{C}$$

이고, 거울맵은

$$q=e^{2\pi it},\ t=\frac{y_1}{y_0}$$

이다. 미분은

$$\frac{d}{dt}=2\pi i\,q\frac{d}{dq}$$

이다.

거울맵 $q=q(x)$에서

$$\frac{d}{dq}\mapsto\frac{dx}{dq}\cdot\frac{d}{dx}$$

이고,

$$H=\frac{d}{dt}=2\pi i\,q\frac{d}{dq}\;\mapsto\;\theta=2\pi i\,q\frac{dx}{dq}\,\frac{d}{dx}=2\pi i\,\frac{q}{x}\,\frac{dx}{dq}\cdot x\frac{d}{dx}$$

이다.

(A.6.1) 거울대칭에서 $< H,\ H,\ H >=< \theta,\ \theta,\ \theta >$이고

$$< H,\ H,\ H > = 5+\sum_{d=1}^{\infty} n_d d^3 \frac{q^d}{1-q^d},$$

$$\begin{aligned} < \theta,\ \theta,\ \theta > &= \left(2\pi i\,\frac{q}{x}\,\frac{dx}{dq}\right)^3 \left\langle x\frac{d}{dx},\ x\frac{d}{dx},\ x\frac{d}{dx}\right\rangle \\ &= \left(2\pi i\,\frac{q}{x}\,\frac{dx}{dq}\right)^3 \frac{c_2}{(1+5^5x)\,y_0(x)^2} \\ &= \frac{c_2}{(1+5^5x)(1-120x+\cdots)^2}\cdot \\ &\qquad \left[2\pi i\,c_1(1-770x+\cdots)\left(1+1540\frac{q}{c_1^2}+\cdots\right)\right]^3 \\ &= \frac{(2\pi i)^3 c_2}{\left(1+5^5\left(\frac{q}{c_1}\right)+\cdots\right)\left(1+240\left(\frac{q}{c_1}\right)+\cdots\right)}\cdot \\ &\qquad \left(1+770\left(\frac{q}{c_1}\right)\cdots\right)^3 \end{aligned}$$

이다. $< H,\ H,\ H >=< \theta,\ \theta,\ \theta >$에서 계수를 비교하면, 상수는

$$c_1=-1,\ c_2=\frac{5}{(2\pi i)^3}$$

이다.

(A.6.2) 정리

퀸틱3-폴드 $V \subset \mathbb{P}^4$에 관하여

$$5 + \sum_{d=1}^{\infty} n_d d^3 \frac{q^d}{1-q^d} = \frac{5}{(1+5^5 x) y_0(x)^2} \left(\frac{q}{x} \cdot \frac{dx}{dq} \right)^3$$

이다.

이를 **퀸틱3-폴드의 거울대칭**(mirror symmetry for the quintic threefold) 이라 한다.

양변의 계수비교하여 A-모델상관함수(글로모브-위튼불변량)에서 발생한 **인스탄톤수**(instanton number) n_d를 B-모델상관함수의 전개로서 구할 수 있다.

예 $n_1 = 2875$, $n_2 = 609250$, $n_3 = 317206375$,

$n_4 = 242467530000$, $n_5 = 229305888887625$, $\cdots$

$N_{10} = <\Phi_{0,0,10}> = n_1 \cdot 10^{-3} + n_2 \cdot 5^{-3} + n_5 \cdot 2^{-3} + n_{10}$.

B 칼라비-야우 3-폴드의 거울대칭 (Mirror Symmetry of Calabi-Yau Threefolds)

거울대칭에서 A-모델상관함수와 B-모델상관함수를 거울맵으로 연결하여 관련식을 얻었다. 관련식을 정당화하기 위해서 거울대칭정리가 필요하다. 알려진 3가지 거울대칭정리를 퀸틱3-폴드 상에서 개괄적으로 전개하자.

B.1. 호지이론의 거울대칭(Hodge Theoretic Mirror Symmetry)

(V, ω)와 (V^0, ω^0)를 칼라비-야우 3-폴드 거울쌍(mirror pair)라 하자. $N=2$ SCFT(super conformal field theory)는 2개초대칭(2 supersymmetries)이 있고 좌측과 우측의 이동에 따른 **리대수 구조**(Lie algebra structure) $u(1)\times u(1)$를 갖고, 그 생성원 (P, Q)은 운동방향에 따라 부호가 $(-P, Q)$로 바뀌고, (P, Q)는 힐버트공간의 연산자(marginal operator) 역할을 한다. 여기서 (P, Q)와 $(-P, Q)$는 같은 공간에서 일어나지 않고 거울대칭공간에서 교대로 일어난다.

(B.1.1) 정수 $p, q \geq 0$에 대하여

(V, ω)에서 (P, Q)의 (p, q)-고유공간은 $H^q(V, \Lambda^p TV)$이고,

(V^0, ω^0)에서 $(-P, Q)$의 $(-p, q)$-고유공간은 $H^q(V^0, \Omega^p V^0)$

이다. 거울대칭성에 의하여

$H^q(V, \Lambda^p TV) \simeq H^q(V^0, \Omega^p V^0)$,

$H^q(V, \Omega^p V) \simeq H^q(V^0, \Lambda^p TV^0)$는 동형이다.

칼라비-야우 조건, $\dim V=3$과 거울대칭에 의하여

$$H^q(V,\ \Lambda^p TV) \simeq H^q(V,\ \Omega^{3-p} V),$$
$$H^q(V^0,\ \Lambda^p TV^0) \simeq H^q(V^0,\ \Omega^{3-p} V^0)$$

은 동형이다.

특히, $H^1(V,\ \Omega^1 V) \simeq H^1(V^0,\ \Lambda^1 TV^0) \simeq H^1(V^0,\ \Omega^2 V^0)$이 동형이므로 $H^{1,\,1}(V) \simeq H^{2,\,1}(V^0)$이고,

$H^{1,\,1}(V)$는 V의 켈러모듀라이공간 $Km(V)$의 접공간이고

$H^{2,\,1}(V^0)$는 V^0의 복소모듀라이공간 $Cm(V^0)$의 접공간이다.

(B.1.2) $H^{1,\,1}(V) = < H > \simeq \mathbb{C} \simeq H^{2,\,1}(V^0)$에 대하여 국소적으로는 H는 V의 $Km(V)$의 tH에 대한 **벡타장**(vector field)이고

켈러폼은 $\omega = tH,\ q = e^{2\pi i \int_l \omega} = e^{2\pi i t}$이다.

따라서 $H = \dfrac{d}{dt} = 2\pi i\, q \dfrac{d}{dq}$이고,

$$\theta := 2\pi i\, q \frac{dx}{dq} \frac{d}{dx} = 2\pi i \frac{q}{x} \frac{dx}{dq} \cdot x \frac{d}{dx} \in H^{2,\,1}(V^0)$$

이다.

(B.1.3) A-**모델상관함수**는 정의에 의하여

$$< H,\ H,\ H > = 5 + \sum_{d=1}^{\infty} n_d d^3 \frac{q^d}{1-q^d}$$

이다.

B-**모델상관함수**는 **정규유카와결합**에 의하여

$$< \theta,\ \theta,\ \theta > = \left(2\pi i \frac{q}{x} \frac{dx}{dq}\right)^3 \left\langle x\frac{d}{dx},\ x\frac{d}{x},\ x\frac{d}{dx} \right\rangle$$

$$= \left(2\pi i \frac{q}{x} \frac{dx}{dq}\right)^3 \frac{c_2}{(1+5^5 x)\, y_0(x)^2}$$

이다.

여기서 c_2는 적분상수이고,

$$y_0(x) = \int_{r_0} \Omega = \sum_{n=0}^{\infty} \frac{(5n)!}{(n!)^5} (-x)^n,$$

$$q(x) = \exp\, 2\pi i \left(\int_{r_1} \Omega \Big/ \int_{r_0} \Omega \right) = c_1 e^{2\pi i \frac{y_1}{y_0}}$$

$$= c_1 x \exp\left[\frac{5}{y_0(x)} \sum_{n=1}^{\infty} \frac{(5n)!}{(n!)^5} \left(\sum_{i=n+1}^{5n} \frac{1}{i} \right) (-x)^n \right]$$

이다. 여기서 c_1은 모노드로미 상수이다.

(B.1.4) 거울대칭에 의하여 A-모델상관함수 = B-모델상관함수이다.

(i) 모노드로미 상수 $c_1 = -1$ 이다.

(ii) **퀸틱3-폴드에 대한 거울대칭**(mirror symmetry for quintic 3-fold)은

$$< H, H, H > = 5 + \sum_{d=1}^{\infty} n_d d^3 \frac{q^d}{1-q^d}$$

$$= < \theta, \theta, \theta >$$

$$= \frac{5}{(1+5^5 x)\, g_0(x)^2} \left(\frac{4}{x} \frac{dx}{dq} \right)^3$$

$$= 5 + 2875 \frac{q}{1-q} + 609250 \cdot 2^3 \cdot \frac{q^2}{1-q^2} + \cdots .$$

(B.1.5) $(V,\ V^0)$를 퀸틱3-폴드 거울대칭쌍이라 하자.

$$H^{1,\,1}(V) \simeq H^{2,\,1}(V^0) = \mathbb{C},$$
$$H^3(V^0,\,\mathbb{C}) \simeq \mathbb{C}^4 = < e_1,\ e_2,\ e_3,\ e_4 >$$

이다.

여기서 $(e_1,\ e_2,\ e_3,\ e_4)$는 **글뢰브너 기저 테크닉**(Gröbner basis techniques)으로 얻어진 기저이다. 즉, 복소모듀라이 변수의 미분에 의하여 얻어진다.

거울대칭에 의하여 $Km(V)$와 $Cm(V^0)$를 $q=0$와 $x=0$ 근방에서 국소적으로 좌표를 $q=e^{2\pi it}$라 하고 $\delta := \frac{d}{dt} = 2\pi i\, q\frac{d}{dq}$라 하자.

가우스-마닌콘넥션(Gauss-Manin connection) ∇^{GM}을 $\nabla_\delta^{GM} e_0 = e_1$, $\nabla_\delta^{GM} e_1 = Ye_2$, $\nabla_\delta^{GM} e_2 = e_3$, $\nabla_\delta^{GM} e_3 = 0$로 정의한다.

여기서 **유카와결합**(Yukawa coupling)은

$$Y = \int_{V^0} \Omega \wedge \nabla_\delta^3 \Omega$$

이다. 따라서 $< H,\ H,\ H > = < \theta,\ \theta,\ \theta >$로부터 인스탄톤수 n_d를 구할 수 있다.

B.2. 기벤탈의 거울대칭(Givental's Mirror Symmetry)

기벤탈은 퀸틱3-폴드 $V \subset \mathbb{P}^4$에서 켈러모듀라이공간 $Km(V)$, 글로모브-위튼 불변량으로 정의된 J_V함수와 거울공간 V^0의 복소모듀라이공간 $Cm(V^0)$, 피카르-푹스방정식에 관한 식 I_{V^0}을 에쿠이바리안트 코호몰로지(equivariant cohomology)의 국소화공식(localization formula)을 이용하여 I_V와 I_{V^0}의 관계식을 얻었다.

(B.2.1) V의 코호몰로지에서 값을 갖은 함수를

$$J = e^{\frac{(t_0 + t_1 H)}{\hbar}} \left(1 + \hbar^{-2} \sum_{d \geq 0} N_d q^d dl - 2\hbar^{-3} \sum_{d \geq 0} N_d q^d pt\right)$$

로 정의하자. 여기서 $q = e^{t_1}$, $l \subset V$는 라인, $\mathrm{pt} \in V$는 점,

$N_d = \langle \Phi_{0,0,d} \rangle = \sum_{k/d} n_{\frac{d}{k}} \cdot k^{-3}$, $n_{\frac{d}{k}}$는 인스탄톤수이다.

글로모브-위튼 불변량은

$$< \Phi_{0,3,d} > (H \otimes H \otimes H) = d^3 < \Phi_{0,0,d} > = d^3 \cdot N_d$$

이다.

포함맵 $i : V \to \mathbb{P}^4$에 대한 기신맵(Gysin map)은

$i! : H^*(V) \to H^{*+2}(\mathbb{P}^4)$이고, **기벤탈의** J_V**함수**(Givental's J_V -function)를

$J_V := i!(J) \in H^{*+2}(\mathbb{P}^4)$로 정의한다.

$$J_V = e^{\frac{t_0 + t_1 H}{\hbar}} \cdot 5H \left[1 + \hbar^{-2} \sum_{d \geq 0} N_d q^d d \frac{H^2}{5} - 2\hbar^{-3} \sum_{d \geq 0} N_d q^d \cdot \frac{H^3}{5}\right]$$

이다.

따라서 J_V는 인스탄톤수 n_d로 되어 있다.

(B.2.2) 기벤탈의 I_V함수(Givental's I_V-function)

$$I_{V^0} := e^{\frac{(t_0 + t_1 H)}{\hbar}} \cdot 5H \sum_{d \geq 0} e^{dt_1} \frac{(5H + \hbar) \cdots (5H + 5d\hbar)}{[(H + \hbar) \cdots (H + d\hbar)]^5}$$

은 코호몰로지 $H^*(\mathbb{P}^4, \mathbb{C})$에서 값을 갖는다.

기벤탈은 I_{V^0}는 V^0의 주기(period) $y = \int_r \Omega$에 의하여 결정됨을 밝혔다.

따라서 J_V는 V의 인스탄톤수의 정보를 가지고 있고, I_{V^0}는 V^0의 복소모듀라이공간의 정보를 갖고 있다.

J_V와 I_{V^0}의 관계를 알기 위하여 글로모브-위튼모듀라이공간 $\mathcal{M}_{0,3}(\mathbb{P}^4, d)$의 **에쿠이바리안트 코호몰로지**(equivariant cohomology)와 **아티야-보트의 국소화공식**(localization formula)을 사용한다. 자세한 증명은 참고문헌[AB]을 참고하고 줄거리와 결과를 소개하자.

(B.2.3) 함수 I_{V^0}에서 $t_0 = 0$, $\hbar = 1$이라 하면

$$I_{V^0} = e^{t_1 H} \cdot 5H \sum_{d \geq 0} d^{dt_1} \frac{\prod_{m=1}^{5d}(5H+m)}{\left[\prod_{m=1}^{d}(H+m)\right]^5}$$

$$= 5H\left[y_0(t_1) + y_1(t_1)H + y_2(t_1)H^2 + y_3(t_1)H^3\right]$$

이다. 위 식은 전개에 의하여 얻어진다.

만일 $x = -e^{t_1}$라 두면, I_{V^0}는 피카르-푹스방정식을 만족하고, 기벤탈에 의하면 $\{y_0, y_1, y_2, y_3\}$는 피카르-푹스방정식의 해들의 기저(basis)가 된다. 특히

$$y_0(x) = \sum_{n \geq 0} \frac{(5n)!}{(n!)^5}(-x)^n,$$

$$y_1(x) = y_0(x)\log(-x) + 5\sum_{n \geq 1} \frac{(5n)!}{(n!)^5}\left(\sum_{n+1}^{5n} \frac{1}{i}\right)(-x)^n,$$

$$q(x)=\exp\left(\frac{y_1}{y_0}\right)=-x\exp\left[\frac{5}{y_0(x)}\sum_{n\geq 1}\frac{(5n)!}{(n^1)^5}\left(\sum_{n+1}^{5n}\frac{1}{i}\right)(-x)^n\right]$$

이다.

기벤탈의 함수 I_{V^0}와 J_V를 비교하면 다음 기벤탈정리를 얻는다. 자세한 것은 참고문헌[Givental 2]을 참고하자.

(B.2.4) 기벤탈정리(Givental's Theorem)

칼라비-야우 퀸틱3-폴드 거울쌍 (V, ω)와 (V^0, ω^0)에 대하여

$$J_V=\frac{I_{V^0}}{y_0}$$

이다. ■

(B.2.5) 만일 $J_V=\dfrac{I_{V^0}}{y_0}$이면, $< H, H, H > = < \theta, \theta, \theta >$이다.

증명 $\dfrac{I_{V^0}}{y_0}=\dfrac{1}{y_0}\cdot 5H\left[y_0(t_1)+y_1(t_1)H+y_2(t_1)H^2+y_3(t_1)H^3\right]$

$$=5H\left[1+\frac{y_1}{y_0}H+\frac{y_2}{y_0}H^2+\frac{y_3}{y_0}H^3\right]$$

$$=5H\left[1+(t_1+770e^{t_1}+\cdots)H+\left(\frac{5^2}{2}+770t_1e^{t_1}+575e^{t_1}\cdots\right)H^2\right.$$
$$\left.+\left(\frac{t_1^3}{6}+385t_1^2e^{t_1}+575t_1e^{t_1}-1150e^{t_1}+\cdots\right)H^3\right]$$

$$=5H\left[1+sH+\left(\frac{s^2}{2}+575q+\cdots\right)H^2+\right.$$
$$\left.\left(\frac{5^3}{6}+575sq-1150q+\cdots\right)H^3\right]$$

여기서 $s = \log q$, $q = e^{t_1}$이다. 미분 $' = \frac{d}{ds} = q\frac{d}{dq}$ 두번 하면

$$\left(\frac{I_{V^0}}{y_0}\right)'' = 5(1 + 575q + \cdots)H^3 + 5(s + 575sq + \cdots)H^4$$
$$= (5 + 2875q + \cdots)(H^3 + sH^4)$$

이다.

한편 $(5 + 2875q + \cdots) = < H, H, H > = Y$는 정규유카와결합 (normalized Yukawa coupling)이다.

따라서 $\left(\frac{I_{V^0}}{y_0}\right)'' = Y(H^3 + sH^4)$이다.

기벤탈[Givental2]은 $J_V'' = < H, H, H > (H^3 + sH^4)$임을 증명했다.

$\frac{I_{V^0}}{y_0} = J_V$이면 $\left(\frac{I_{V^0}}{y_0}\right)'' = J_V''$이고, $< H, H, H > = Y = < \theta, \theta, \theta >$

이다.

즉,

$$5 + \sum_{d \geq 1} n_d d^3 \frac{q^d}{1 - q^d} = 5 + 2875\frac{q}{1 - q} + 609250 \cdot 2^3 \cdot \frac{q^2}{1 - q^2} + \cdots$$

이므로 **퀸틱3-폴드의 거울대칭식**을 얻었다.

B.3. 리안-리우-야우의 거울대칭(Lian-Liu-Yau's Mirror Symmetry)

(V, V^0)를 퀸틱3-폴드 거울쌍이라 하자. 리안-리우-야우[LLY]는 A-모델상관함수와 B-모델상관함수에 대응되는 **오일러데이터**(Euler data) $Q(V)$, $P(V^0)$를 정의하여 거울대칭을 다루었다.

(B.3.1) V^0상에서 오일러데이터

$$P(V^0)=e^{\frac{-pt_1}{\hbar}}\sum_{d\geq 0}\frac{\prod_{m=0}^{5d}(5p-m\hbar)}{\prod_{m=1}^{d}\prod_{k=0}^{4}(p-\lambda_k-m\hbar)}\cdot e^{dt_1}$$

여기서 p는 에쿠이바리안트 초공간류, λ_k는 에쿠이바리안트 코호몰로지류로서 $\lambda_k\to 0$이면 $p=H$이고 $P(V^0)$는 보통 코호몰로지(usual cohomology)류가 된다.

$\hbar=-1$로 두면

$$\lim_{\lambda_k\to 0}P(V^0)=I_{V^0}=5H\left[y_0(t_1)+y_1(t_1)H+y_2(t_1)H^2+y_3(t_1)H^3\right]$$

가 된다.

거울맵(mirror map) $q=\exp\left(\dfrac{y_1}{y_0}\right)$에 대하여

$\Phi(t_1)=\dfrac{y_1(t_1)}{y_0(t_1)}$이라 두면 $q=\exp(\Phi(t_1))$이다.

$q=e^s$라 두면, 거울맵은 $s=\Phi(t_1)=\dfrac{y_1(t_1)}{y_0(t_1)}$이 된다.

(B.3.2) 다음은 V상에서 오일러데이타 $Q(V)$를 정의하자.

글로모브-위튼포텐샬(Gromov-Witten potential)은

$$\begin{aligned}\Phi(s)&=\frac{5}{6}s^3+\sum_{d\geq 1}N_d q^d\\&=\frac{5}{6}s^3+\sum_{d\geq 1}<\Phi_{0,0,d}>q^d\end{aligned}$$

이다.

여기서 $N_d = < \Phi_{0,\,0,\,d} >$은 글로모브-위튼불변량이고, $q = e^s$이다. $\Phi(s)$를 세번 미분하면

$$\frac{d^3}{ds^3}\Phi(s) = \frac{d^3}{ds^3}\left[\frac{5}{6}s^3 + \sum_{d \geq 1} < \Phi_{0,\,0,\,d} > q^d\right]$$

$$= 5 + \sum_{d \geq 1} n_d \cdot d^3 \cdot \frac{q^d}{1-q^d}$$

$$= < H,\, H,\, H > \ :\ A\text{-모델상관함수이다.}$$

여기서 $\frac{d}{ds}q^d = dq^d$이다.

(2) V상의 오일러데이타 $Q(V)$는 에쿠이바리안트-코호몰로지 값을 갖는 함수

$$\lim_{\lambda_k \to 0} Q(V)(s) = 5H\left(1 + sH + \frac{\Phi'}{5}H^2 + \frac{s\Phi' - 2\Phi}{5}H^3\right)$$

로 [LLY]에서 정의하였다. 여기서 미분 $' = \frac{d}{ds}$이다.

다음은 리안-리우-야우의 결과이다.

(B.3.3) 리안-리우-야우 정리

(a) $Q(V)$는 글로모브-위튼불변량에 의해 정해진다.

(b) 거울맵은 $s = \Phi(t_1)$이다.

(c) $\lim_{\lambda_k \to 0} Q(V)(s) = \frac{1}{y_0}\lim_{\lambda_k \to 0} P(V^0)(t_1)$.

(d) $\Phi(s) = \frac{5}{2}\left(\frac{y_1}{y_0} \cdot \frac{y_2}{y_0} - \frac{y_3}{y_0}\right)$.

(B.3.4) $\Phi(s)=\frac{5}{2}\left(\frac{y_1}{y_0}\cdot\frac{y_2}{y_0}-\frac{y_3}{y_0}\right)$이면, $<H, H, H>=Y$이다.

증명 (B.3.2)에 의하여

$$\frac{d^3}{ds^3}\Phi(s)=<H, H, H>$$

이다.

$\frac{d^3}{ds^3}\left[\frac{5}{2}\left(\frac{y_1}{y_0}\frac{y_2}{y_0}-\frac{y_3}{y_0}\right)\right]=Y$임을 보이자.

앞의 결과를 따르면

$q=e^s,\ \frac{y_1}{y_0}s,\ 5\frac{y_2}{y_0}=\frac{1}{2}s^2Y,\ 5\frac{y_3}{y_0}=\frac{1}{6}s^3Y$이다.

따라서 2절 (5)의 증명과정에 의하여

$$\frac{d^3}{ds^3}\frac{5}{2}\left(\frac{y_1}{y_0}\cdot\frac{y_2}{y_0}-\frac{y_3}{y_0}\right)=\frac{d^3}{ds^3}\frac{1}{2}\left(s\cdot\frac{1}{2}s^2Y-\frac{1}{6}s^3Y\right)$$

$$=\frac{d^3}{ds^3}\frac{1}{6}s^3Y=Y\text{이다.}$$

따라서 $\frac{d^3}{ds^3}\Phi(s)=<H, H, H>$

$$=\frac{d^3}{ds^3}\frac{5}{2}\left(\frac{y_1}{y_0}\cdot\frac{y_2}{y_0}-\frac{y_3}{y_0}\right)=Y\text{이다.}\ \blacksquare$$

지금까지 [기벤탈]과 [리안-리우-야우]의 **퀸틱3-폴드 거울쌍에 대한 거울대칭정리**(mirror symmetry for quintic threefold)를 개괄적으로 살펴보고, 이 정리들은 기존의 호지이론의 거울대칭정리를 만족하고 있음을 보였다. 구체적인 증명과 자세한 내용은 참고문헌을 보기 바란다.

C 수학자(Mathematicians)

*알파벳순, 86명

1. 아벨(Niels Abel, 1802-1829, 노르웨이)

노르웨이의 수학자이다. 19세때 5차방정식의 일반해가 존재하지 않음을 증명했다. 그를 기리기 위해 창설된 아벨상은 매년 6백만 노르웨이 크로나 상금을 준다.

아벨의 업적은 5차 이상의 방정식은 사칙연산과 거듭제곱근의 계산을 유한번해서는 풀 수 없다는 것을 깨끗이 증명하여 수학의 발전에 지대한 공헌을 하였다. 무한 급수의 수렴에 관한 정리도 유명하다. '아벨 군' 등 수학 용어에도 이름을 남기고 있으며, 그 외에 아벨 방정식, 아벨 적분, 아벨 함수, 아벨 다양체, 원(遠) 아벨 기하학 등 아벨의 이름을 딴 수학 용어는 많다.

2. 아놀드(Vladimir Igorevich Arnold, 1937-2010, 러시아)

블라디미르 이고레비치 아놀드는 러시아 수학자이다. 이론 고전역학 및 다른 동역학계 이론에 공헌하였다. 모스코바대학교에서 유명한 수학자인 안드레이 콜모고로프 아래서 수학을 공부하였으며 대학 재학 중 19세의 나이에 힐베르트의 문제 13번을 부분적으로 해결하였다. 1959년에 모스크바대학교를 졸업 후 모스크바대학교에서 연구를 계속하다 1965년에 모스크바대학교 교수로 취임하였다. 그 뒤 모스크바에 있는 스테클로프 수학연구소로 옮겨 연구를 계속하였다.

아놀드는 1950년대 행성간 궤도의 안정성을 규명하는 데 결정적 공헌을 한 비선형 역학 공식인 'KAM 정리' 창안자 중 한 명이다. KAM 정리는 안드레이 콜모고로프, 아놀드, 위르겐 모저 3인의 이름을 딴 공식이다. 1981년에 소행성 10031 블라다르놀다(Vladarnolda)가 그의 이름을 따서 명명되었다

아놀드는 KAM 정리 등 학문적 업적으로 1982년 크라포드상을 비롯한 수많은 상을 수상했으나, 냉전이 한창이던 1974년 당시 소련 정부의 반대로 수학부문 노벨상이라 불리는 필즈상을 받지 못하는 불운을 겪기도 했다.

3. 아티야(Michael Francis Atiyah, 1929-2019, 영국)

영국의 수학자로 대수기하학과 미분기하학 및 대수적 위상수학 등 다양한 분야에 큰 업적을 남겼다. 케임브리지대학교 트리니티칼리지에서 학사-박사 학위를 취득하였다. 그의 지도교수는 윌리엄 호지였으며, 학위 논문은 대수기하학을 다루었다.

1961년에 옥스퍼드대학교 조교수가 되었으며, 옥스퍼드대학교 재직 중 사이먼 도날드슨, 나이절 히친, 그레임 시걸, 피터 크론하이머 등을 지도하였다.

1966년에 37세의 나이로 필즈상을 수상하였다. 1990년에 케임브리지대학교에서 아이작 뉴턴 연구소(Isaac Newton Institute)를 창설하였고, 초대 소장직을 역임하였다. 1997년 은퇴 후, 에든버러대학교 명예교수 및 레스터대학교 명예 총장직 등 명예직만을 보유하였다. 2004년에 싱어와 함께 아티야-싱어 지표 정리에 대한 공로로 아벨상을 수상하였다.

아티야는 히르체브루크와 더불어 대수적 위상수학의 한 분야인 위상 K이론을 창시하였다. 또한 물리학의 게이지 이론에 크게 기여하였다.

4. 바나흐(Stefan Banach, 1892-1945, 폴란드)

스테판 바나흐는 폴란드 수학자로 일반적으로 20세기의 가장 중요하고 영향력 있는 수학자 중 한 명으로 간주된다. 그는 현대 함수 분석의 창시자로 함수해석학에 크게 공헌하였으며, 그의 주요 연구실적은 1932년 저서인 선형 연산 이론(Theory of Linear Operations)으로, 함수 분석의 일반 이론에 관한 최초의 논문이다. 또한 바나흐 공간의 이론을 제창하였고 측도론, 집합론 등 다른 수학 분야에도 기여하였다.

바나흐는 어려서부터 수학에 깊은 관심을 보였으며 중등 교육을 마친 후 그의 재능을 인정한 휴고 스타인하우스(Hugo Steinhaus)와 함께 1919년에 폴란드 수학 학회를 설립했고 나중에 과학 저널인 Studia Mathematica를 출판했다. 1922년에 르비우대학교의 교수가 되었다.

바나흐는 말년에 나치 독일 정부가 폴란드를 침공하고 르비우의 모든 대학을 폐교함으로 자신의 피를 헌혈하는 일로 생계를 이을 정도로 힘들었다. 1945년 1월에 폐암 진단을 받아 같은 해 8월에 53세의 일기로 병사하였고 르비우에 매장되었다.

바나흐의 이름을 딴 주목할만한 수학적 개념으로는 바나흐 공간(Banach space), 바나흐 대수학(Banach algebra), 바나흐 측정값(Banach measure), 바나흐-타르스키 역설(Banach–Tarski paradox), 한-바나흐 정리(Hahn–Banach theorem), 바나흐-슈타인하우스 정리(Banach–Steinhaus theorem), 바나흐-마주르 정리(Banach–Mazur theorem), 바나흐-알라오글루 정리(Banach–Alaoglu theorem), 그리고 Banach 고정점 정리(Banach fixed-point theorem) 등이다.

5. 벨트라미(Eugenio Beltrami, 1835-1899, 이탈리아)

이탈리아의 수학자로 비유클리드 기하학과 전자기학에 대한 업적, 그리고 해석학의 라플라스-벨트라미 연산자 등으로 유명하다. 1862년에는 볼로냐대학교에 수학 교수로 임용되었고, 그후 피사, 로마, 파비아의 대학교에서 가르치기도 했다. 그는 1899년 로마에서 사망하였다. 주요업적은 라플라스-벨트라미 연산자, 벨트라미-클라인 모형 등이다.

6. 베티(Enrico Betti, 1823–1892, 이탈리아)

1871년에 베티 수에 대한 논문을 발표한 수학자이다. 주요업적은 베티 수, 베티 정리(Betti's theorem) 등이다.
베티는 피사대학교에서 수학과 물리학을 전공했고, 1840년부터 피사대학교에서 가르치기 시작했다. 후에 피사대학 총장도 했고, 피사대학을 이탈리아 수학 연구 및 수학 교육의 중심지가 되도록 하는데 기여하였다. 이탈리아 독립을 위해 두 번의 전투에서 싸웠고 1862년에 새로운 이탈리아 의회에 선출되기도 했다.
베티의 초기연구는 방정식과 대수학의 이론이었는데 리만은 베티의 연구과정에 결정적인 영향을 주었다. 그 둘은 친구가 되었고 리만은 베티의 토폴로지에 대한 연구에 영감을 주었다. 베티는 연구의 주요목표를 항상 고귀한 철학적 목적을 지닌 순수한 과학 연구였다.

7. 비앙키(Luigi Bianchi, 1856-1928, 이탈리아)

이탈리아의 수학자다. 19세기 말에 번성하였던 이탈리아 대수기하학파(Italian school of algebraic geometry)의 주요 구성원이었다. 오늘날 미분기하학에서 중요한 역할을 하는 비앙키 항등식을 발견하였다.

비앙키는 1898년에는 리만 다양체의 등거리변환 군들을 9가지 종류로 분류한 비앙키 분류를 발표하였다. 이는 훗날 일반 상대성 이론에서 중요한 역할을 하게 된다. 1902년에는 리만 곡률 텐서의 비앙키 항등식을 발견하였다. 이 또한 일반 상대성 이론에서 매우 중요한 역할을 한다. 1928년 6월 6일 피사에서 사망하였다.

8. 보트(Raoul Bott, 1923-2005, 헝가리 태생, 미국 국적)

기하학의 여러 분야에서 지대한 공헌을 하였다. 특히 보렐-베유-보트 정리는 주요업적이다.

박사학위 이후 보트는 순수 수학, 특히 리 군의 호모토피 이론(homotopy theory)으로 관심을 돌렸다. 이 연구에서 모스 이론(Morse theory)을 사용하여 1956년에 유명한 보트 주기 정리(Bott periodicity theorem)을 발표하였고, 이 과정에서 유명한 모스-보트 함수(Morse-Bott function)을 만들어냈는데, 이는 모스 함수(Morse function)를 일반화한 것이다.

수학적 재능을 인정받아 1959년에 하버드대학교의 수학과에 정교수로 채용되었다. 그 후 필즈상 수상자인 마이클 아티야와 함께 공동연구를 하였다. K이론의 주기성을 시작으로 차차 아티야-싱어 지표 정리에 관련된 수학적 공헌을 하게 되었는데, 그것은 우즈 홀 고정점 정리(Woods Hole fixed point theorem)으로 불리는 정리이다. 우즈 홀 정리는 이후 아티야-보트 고정점 정리(Atiyah-Bott fixed point theorem)로 불린다. 보트는 또, 리 군의 표현론에 관한 보렐-보트-베유 정리(Borel-Bott-Weil theorem)로도 유명하다.

보트는 40년간 하버드대학교에서 수없이 많은 저명한 수학자들을 제자로 길러냈다. 보트의 제자들 중 가장 유명한 사람들을 꼽자면 로버트 맥퍼슨, 피터 란드베버, 대니얼 퀼런, 스티븐 스메일 등이 있다. 이들 가운데 퀼런과 스메일은 필즈상을 수상하였다.

9. 브라우어(Luitzen Egbertus Jan Brouwer, 1881-1966, 네덜란드)

네델란드 수학자이자 철학자이다. 암스테르담대학교를 졸업했고, 위상수학, 집합론, 측도론, 복소해석학 분야를 연구했다. 수리철학의 하나인 직관주의(intuitionism)의 창시자이다. 브라우어의 주요 업적은 브라우어 고정점정리(Brouwer's Fixed Point Theorem), 털난 공 정리(hairy ball theorem), 직관주의, 브라우어 차수 등이다.

브라우어는 명예박사 학위를 1929년 오슬로대학과, 1954년에서 케임브리지대학(University of Cambridge)으로 부터 수상하였다. 그는 1932 년 네덜란드사자단(Dutch Order of the Dutch Lion)에서 기사 작위를 수여받았다.

10. 칼라비(Eugenio Calabi, 1923-2023, 이탈리아 태생, 미국 국적)

칼라비(Calabi)는 미분기하학 분야와 편미분 방정식 이론에 많은 공헌을 했다. 에우제니오 칼라비는 1923년 5월 11일에 이탈리아 밀라노의 유대인 가정에서 태어났고, 가족은 인종법 때문에 이탈리아를 떠나 1939년에 미국에 이민하였다. 매사추세츠 공과대학교에서 학사, 프린스턴대학교에서 "켈러(Kähler) 다양체의 등각 복합 분석 임베딩"이라는 박사 학위 논문을 Salomon의 지도교수하에 작성하여 박사 학위를 수여받았다.
미네소타대학교의 교수 하다가 펜실베이니아대학교로 옮겼다.
칼라비의 주요 업적은 칼라비 추측, 칼라비-야우 다양체, 칼라비 플로우, 칼라비 삼각형, 칼라비-에크만 다양체, 초켈러 다양체 등이다. 그는 1991년 미국수학회로부터 Leroy P. Steele상을 수상했는데 "전역 미분기하학, 특히 복잡한 미분기하학에 대한 근본적인 연구는 이 분야의 지형을 근본적으로 변화시켰다"고 평가되었다.

11. 카르탕(Elie Joseph Cartan, 1859-1951, 프랑스)

엘리 카르탕은 Lie 군 이론, 미분 시스템(PDE의 무좌표 기하학적 공식화) 및 미분 기하학의 기초 작업을 수행한 프랑스의 영향력 있는 수학자이다. 그리고 일반 상대성 이론과 양자 역학에 간접적으로 중요한 기여를 했으며, 20세기 가장 위대한 수학자 중 한 명으로 널리 알려져 있다. 그의 아들 헨리 카르탕(Henri Cartan)은 대수 위상수학 분야에서 영향력있는 수학자였다.

카르탕의 연구업적은 카르탕의 정리, 벡터 공간과 외부 대수학, 미분 기하학, 특수 상대성 이론과 일반 상대성 이론, 미분 형태, 양자 역학(스피너, 회전 벡터)등에 남아 있다.
카르탕은 르콘테 상(1930년), 로바체프스키 상(1937)을 수상하였고, 프랑스 과학 아카데미 회장(1946)을 역임하였다.
카르탕은 1894년 Sorbonne 과학부에서 자신의 논문인 "변형의 유한 연속 그룹의 구조"를 발표했고, 1896년부터 1903년까지 리옹대학교 과학부에서 강사로 재직했다. 1909년 파리대학교에 조교수로 취임하고, 1903년 정교수가 되었다. 1940년 파리대학교를 은퇴하고, 오랜 동안 병마에 시달리다가 1951년에 사망하였다.

12. 코시(Augustin Louis Cauchy, 1789-1857, 프랑스)

코시는 조제프루이 라그랑주, 피에르시몽 라플라스(P. S. Laplace) 등으로 대표되는 18세기의 수학을 19세기적 단계에 올려놓은 프랑스의 대수학자로 평가된다.
코시의 주요업적은 코시의 적분정리, 코시-슈바르츠 부등식, 코시의 정리(군론), 코시 수열, 코시-리만 방정식, 엡실론-델타 논법, 코시 주요값, 코시-아다마르 정리, 코시-오일러 방정식 등이다.
 프랑스혁명의 해에 파리에서 태어나 에콜폴리테크니크에서 수학 후 모교의 교수가 되었다. 당시의 프랑스는 혁명과 반혁명이 교차하는 정치적인 격동기로, 엄격한 가톨릭 신자이고 왕당파였던 코시는 정치적으로 지조를 지키고자 하여 많은 고난을 겪었다.
코시의 수학상 업적은 극히 많은데, 가장 큰 공로는 해석학을 엄밀한 기초 위에 올려 놓은 것이다. 무한소라는 애매한 개념상에 있던 미적분을

극한, 연속, 급수의 합 등의 개념을 확립하여 이론화시킨 공이 크다. 복소 함수론의 기초도 정리하여 확립했고, 미분방정식에 대해 해(解)의 존재를 증명했다. 코시는 해석학을 계산에서 논리의 단계로 올려놓았다고 말할 수 있다.

13. 체크(Eduard Čech, 1893-1960, 체코)

체크는 체코의 수학자이다. 체크 코호몰로지의 정의로 유명하다. 사영기하학과 위상수학에 공헌하였다. 주요업적은 체크 코호몰로지, 체크 신경, 스톤-체크 콤팩트화 등이다.

14. 천(Shiing-Shen Chern, 1911-2004, 중국 태생, 중국과 미국 국적)

20세기 미분기하학의 대표수학자이다. 천싱선은 미분기하학의 거의 모든 분야들을 연구하였다. 미국의 저명한 수학자인 제임스 해리스 사이먼스와 함께 천-사이먼스 이론과 천-사이먼스 형식을 증명한 것으로 유명하다. 천-사이먼스 형식은 현재 수학과 이론물리학에서 가장 널리 연구되는 주제들 중 하나이다. 그는 "현대 미분기하학의 아버지"로 불리며 기하학의 리더이자 20세기 최고의 수학자 중 한 명으로 널리 알려져 있으며 울프상(Wolf Prize)과 첫 번째 쇼상(Shaw Prize)를 비롯한 수많은 상을 수상했다. 천을 기리기 위해 국제수학연맹(International Mathematical Union, IMU)은

2010년에 "수학 분야에서 뛰어난 업적에 대한 최고 수준의 인정을 받은 개인"을 표창하기 위해 천 메달(Chern Medal)을 제정했다.
중국 저장성에서 태어났고, 1930년 톈진 난카이대학교와 1934년 칭화대학교 대학원을 졸업하였으며, 1936년 독일 함부르크대학교에서 박사학위를 취득한 후, 1937년 칭화대학교 교수가 되었다.
그 후, 미국으로 건너가서 프린스턴대학교 등에서 강의를 하였다. 천은 고등연구소(Institute for Advanced Study, 1943-45)에서 일했고, 시카고대학교(University of Chicago)에서 기하학 학과장으로(1949-1960) 10년 정도 근무한 후 캘리포니아대학, 버클리소재(University of California, Berkeley)로 옮겨 세계적으로 유명한 수학연구소(Mathematical Sciences Research Institute)를 설립하는데 크게 기여했고 초대소장으로 일했다.
수학 발전에 이바지한 공로를 인정받아서 1975년 미국과학상을 수상했으며, 2000년 난카이대학교 교수로 임명되었으나, 2004년 12월 3일 사망하였다.
국제천문학회 소행성 명명위원회는 그의 업적을 기려서, 소행성 1998CS2를 29552 천으로 명명하였다. 그의 주요업적은 천-사이먼스 이론, 천-사이먼스 형식, 천-베유 이론, 천 특성류, 천-가우스-보네 정리 등이다.

15. 초우(Wei-Liang Chow, 1911 - 1995, 중국)

중국 태생의 대수기하학자다. 미국으로 유학하여 시카고대학교를 1931년 졸업하였고, 1932년부터 독일로 유학하여 괴팅겐대학교를 거쳐 라이프치히대학교에서 박사학위를 수여받았다. 난징, 상하이 등지에서 가르치다가 프린스턴고등연구소로 이전했다. 1948년부터는 존스홉킨스대학교 교수가 되었다.

16. 들리뉴(Pierre Deligne, 1944-, 벨기에)

들리뉴는 대수 정수론에 대한 연구로 1978년 필즈상을 수상한 벨기에 수학자이다. 그는 특히 2008년 울프상(Wolf Prize), 2013년 아벨상(Abel Prize) 등 많은 상을 받았다.

들리뉴는 1968년 브뤼셀 자유대학교에서 수학 박사 학위를 받았다. 박사 학위를 마친 후, 그는 파리 근교에 위치한 IHES에서 알렉산더 그로텐디크와 함께, 자리스키의 중심 정리(Zariski's main theorem)를 스킴 이론으로 일반화하는 작업을 시작했다. 장피에르 세르와도 같이 일을 했고, 모듈러 형식에서 파생되는 l진(l-adic) 표현론과, L-함수의 함수 방정식에 대해서 주요한 결과를 남겼다. 또한, 데이비드 멈포드와 함께 대수 곡선의 모듈라이 공간에 대한 연구를 같이 했는데 이 연구는 후에 이론 물리학의 끈 이론에서도 주요하게 쓰이게 된다.

그는 1972년 오르세에 있는 파리 쉬드대학에서 글로텐디크(Alexander Grothendieck)의 지도하에 호지이론(Theorie de Hodge)이라는 제목의 논문으로 박사 학위를 취득하기도 했다.

1970년부터 1984년 사이에 미국 프린스턴고등연구소로 옮긴 후 그는 1973년에 마무리된 베유 추측에 관한 업적, 그리고, 기존의 호지 이론을 확장한 혼합 호지 이론의 개념을 도입하면서 3편으로 나누어 출판한 논문들로 유명해졌다. 이러한 많은 수학적 업적들은 1978년, 그에게 필즈상을 안겨주었다.

이 기간 동안 들리뉴는 베유 추측 이외에도 아주 많은 업적들을 남겼는데, 그 중, 대수적 군의 표현론을 만드는데에 에탈 코호몰로지를 응용하는 방법을 찾아낸 것과, 정수론적인 관점에서 모듈라이 공간을 볼 수 있는 방법을 찾아낸 것이 유명하다.

주요 업적으로는 베유 추측의 증명(1973년)이 있다. 이 밖에도 절대 호지 사이클(absolute Hodge cycles)에 대한 정의 등도 있다.

17. 드람(Georges de Rham, 1903-1990, 스위스)

드람은 스위스의 수학자이다. 드람의 업적은 미분위상수학에 기여하였고, 코호몰로지를 미분 형식으로 나타낸 드람 코호몰로지를 정의하였다.
1931년 드람 정리를 증명하였고, 드람 코호몰로지로 위상수학적 불변량임을 증명하였다.
1931년에 파리대학교에서 박사 학위를 수여받았으며, 1932년에 로잔대학교 교수가 되었다. 1936년부터는 제네바대학교에서도 교수직을 겸했다.
드람은 수학자이면서 또한 스위스 최고의 등산가 중 한 명으로 1944년부터 로잔의 독립 고산 그룹의 일원으로서 수많은 세계의 높은산을 등반하였고 완전한 등반가이드 북까지 썼다. 수학자들 말에 의하면 1933년 드람은 스위스 알프스 바이스호른산(Weisshorn) 등반 중에 수학자 휘트니(Hassler Whitney)를 만나 함께 등반했고, 그 일은 이후 드람과 휘트니 사이의 40년 이상 우정의 시작이었다 한다.

18. 데카르트(René Descartes, 1596-1650, 프랑스)

데카르트는 프랑스의 철학자, 수학자, 과학자, 근대철학의 아버지, 해석기하학의 창시자로 불린다. 그는 합리론의 대표주자이며 대표 저서 《방법서설》에서 철학의 출발점인 '나는 생각한다, 고로 존재한다.'라는 명제를 선언한다. 수학자 데카르트는 처음으로 방정식의 미지수에 x를 쓴 것으로 유명하다.
데카르트는 17세기 근대 수학의 기수였다. 어려서부터 허약했던 그는 교장선생님으로부터 늦잠을 허락 받았다. 후에 데카

르트는 늦잠에서 깨어 자신의 학교 생활을 뒤돌아보면서 침대에서 보낸 조용한 아침의 명상이 자신의 철학과 수학의 참다운 원천이었다고 얘기한다. 그가 x좌표를 발견한 일화가 있다. 침대에 누워 천정에 붙어 있는 파리를 보고 파리의 위치를 나타내는 방법을 찾으려고 애쓰다가 '좌표'라는 발상을 하게 되었다는 것이다. 중학교 1학년 함수 단원을 공부하면서 파리가 움직이면 x의 값이 변하면서 y의 값이 따라서 변화한다. 이 이야기는 수의 성질을 연구하는 대수학과 도형의 성질을 연구하는 기하학을 하나로 묶어 연구한 데카르트의 수학하는 방법(이를 '해석기하학'이라 한다.)의 발견을 귀띔해 주는 일화이다.

19. 다이크그라프(Robbert Dijkgraaf, 1960-, 네델란드)

다이크그라프(Robertus Henricus Dijkgraaf)는 네덜란드의 이론 물리학자, 수학자, 끈 이론가이며 2022년1월10일 부터 2년 이상 네덜란드 교육문화과학부 장관을 지냈다. 장관 취임 전까지 그는 프린스턴고등연구소의 소장이자 레온 레비 교수였으며 암스테르담대학의 종신 교수였다.

다이크그라프의 연구는 끈 이론과 수학과 물리학 전반에 중점을 두고 있다. 그는 위상적 끈 이론과 행렬 모델에 대한 연구로 가장 잘 알려져 있으며, 그의 이름은 Dijkgraaf-Witten 불변량과 Witten-Dijkgraaf-Verlinde-Verlinde 공식에 주어졌다.

그는 1978년 위트레흐트대학교에서 물리학을 시작 후 1986년에 이론 물리학 석사 학위를 취득했고, 그 후 미래의 노벨상 수상자인 Gerard 't Hooft의 감독하에 박사 과정을 계속 수행했다. 그는 쌍둥이 Erik 및 Herman Verlinde와 함께 공부했다. 1989년에 우등으로 박사 학위를 취득 후, 에드워드 위튼(Edward Witten)과 함께 고등연구소(Institute for Advanced Study)

에서 박사후 연구원으로 일했다. 1992년에 암스테르담대학의 수리 물리학 교수로 임명되었다.
2012년부터 그는 프린스턴고등연구소(Institute for Advanced Study)의 소장이 되었다. 그는 네덜란드 왕립 예술과학아카데미 뿐 아니라 테일러스 박물관(Teylers Museum)과 NEMO 과학 박물관(NEMO Science Museum)을 포함한 수많은 이사회에서 활동했다.
그는 정기적으로 네덜란드 TV에 출연하고 네덜란드 신문 NRC Handelsblad에 월간 칼럼을 기고하는 등 활발한 활동도 하고 있다.
수상으로는 2003년에 스피노자 상을 수상했고, 2012년 네덜란드 사자 훈장 기사로 임명되었다.

20. 디락(Paul Dirac, 1902-1984, 영국)

디락은 1933년 노벨물리학상을 수상한 영국의 이론물리학자이다. 양자역학을 탄생시킨 사람 중의 하나로 꼽힌다.
주요업적은 디락 방정식, 디락 델타 함수, 페르미-디락 통계, 브라-켓 표기법, 디락 괄호 등이다.
1933년 에르빈 슈뢰딩거와 함께 "원자 이론의 새로운 형식의 발견"으로 노벨 물리학상을 수상했다. 폴 디락은 노벨상 수상자로 선정됐을 때 주위의 관심을 꺼렸으며 청중 앞에 나서기 싫어서 거절하려고 했으나, 오히려 노벨상을 거절하면 더 많은 관심을 끈다는 주위의 충고를 듣고 상을 받기로 했다고 한다.
1932년부터 1936년까지 케임브리지대학교에서 루커스 수학석좌교수를 지냈다. 그의 이름을 따서 주는 상인 디락 메달은 국제 이론물리 센터(ICTP) 이론물리학자들에게 주는 상이다.

21. 돌보(Pierre Dolbeault, 1924-2015, 프랑스)

프랑스 수학자이다. 파리대학교에서 1955년 앙리 카르탕 교수 지도하에 박사학위를 받았다.
돌보 코호몰로지(Dolbeault cohomology)는 그의 이름을 따서 명명되며 돌보정리도 마찬가지이다.

22. 도날드슨(Simon Kirwan Donaldson, 1957-, 영국)

도날드슨은 영국의 수학자이다. 영국 케임브리지에서 태어난 수학자로, 미분기하학에서 순간자를 사용하여 4차원 유클리드 공간 위의 이국적 매끄러움 구조를 찾아낸 업적으로 유명하다. 주요업적으로 도날드슨 불변량이 있다. 1986년 필즈상을 수상하였고, 2012년에는 작위도 수여받았다. 현재 영국 임페리얼 칼리지 런던의 수학과 순수 수학 분야의 석좌교수이자 임페리얼 수학연구소의 소장으로 있다.
도날드슨은 1979년, 케임브리지대학교의 펨브로크칼리지(Pembroke College, Cambridge)에서 학사를 마쳤고, 1980년에 옥스퍼드대학의 우스터 칼리지(Worcester College)에서 박사과정 공부를 시작했다. 최초에는 히친이 지도교수였으나 후에 마이클 아티야의 지도 아래에서 공부하였다.
1982년, 겨우 2년차 대학원생인 상태에서, 도날드슨은 수학계를 충격으로 몰아넣은 놀라운 결과를 증명하였는데, 이 결과를 1983년에 〈자기 쌍대 접속과 4차원 매끄러운 다양체의 위상수학〉(Self-dual connections and the topology of smooth 4-manifolds)라는 제목으로 출판하였다.
1983년, 그의 놀라운 결과를 박사 논문으로 옥스퍼드대학교를 졸업한 도날드슨은 옥스퍼드 올솔스칼리지(All Souls College)에서 연구원 생활을 시작하였고, 1983-84학년도에는 미국 프린스턴의 프린스턴고등연구소에서 연구하였다. 그 후, 옥스퍼드대학으로 돌아와서 1985년 정교수직을 맡게 되었다. 1998년, 도날드슨은 런던의 임페리얼칼리지 런던으로 자리를 옮겼다.

23. 드브로빈(Boris Anatolievich Dubrovin, 1950-2019, 러시아)

보리스 아나톨리예비치 두브로빈은 러시아의 수학자이자 물리학 박사였다.
그의 관심 분야는 기하학 및 물리학의 적분 시스템 이론, Frobenius 다양체, Gromov-Witten 불변량, 특이점 이론, 적분 가능한 편미분 방정식의 정규형, 쌍곡선 시스템의 해밀턴 섭동, 등압 변형의 기하학, 리만의 세타 함수이다.
그의 죽음 이후 그를 기리기 위해 Dubrovin 메달이 만들어졌으며 수리물리학과 기하학 분야에 탁월한 공헌을 한 유망한 연구자에게 수여된다.
그는 모스크바주립대학교 기계 및 수학 학부를 졸업했고(1972), 1988년부터 1993년까지 고등 기하학 및 위상수학과의 교수였다. 1990년부터 사망할 때까지 그는 이탈리아 트리에스테에 있는 Scuola Internazionale Superiore di Studi Avanzati(SISSA)의 교수로 재직했다.
1998년에 베를린에서 열린 국제수학자회의의 초청 연사였다.

24. 아일렌버그(Samuel Eilenberg, 1913-1998, 폴란드 태생, 미국 국적)

대수적 위상수학과 호몰로지 대수학에 공헌을 하였고, 손더스 매클레인과 같이 범주론을 창안하였다. 니콜라 부르바키의 회원이었다. 니콜라 부르바키(Nicolas Bourbaki)란 20세기에 프랑스를 중심으로 활동한 수학자들의 익명의 비밀 연구단체로 부르바키의 회원들은 1935년부터 현대수학의 체계적인 저술활동을 목적으로 시작, "니콜라 부르바키"라는 이름으로 책을 발표했으며 그들의 저술은 최대한의 엄밀성과 일반성을 추구한 것으로 유명하다.

주요업적은 리 대수 코호몰로지, 막대 복합체, 범주, 범주론, 아일렌버그-매클레인 공간, 아일렌버그-스틴로드 공리, 아일렌버그-질버 사상, 자연변환, 함자 등이다.

아일렌버그의 주요 업적은 대수적 위상수학과 이로부터 파생된 분야인 호몰로지 대수학과 범주론에 속한다. 말년에는 주로 범주론과 오토마타 이론을 연구하였다. 수학 밖에도 아일렌버그는 아시아의 예술 작품 수집가였다. 인도, 인도네시아, 파키스탄, 네팔, 타이, 캄보디아, 스리랑카, 중앙 아시아 등의 조각들을 수집하였는데, 상당수 메트로폴리탄 미술관에 기증하였다. 뉴욕 메트로폴리탄 미술관은 1991~1992년 아일렌버그 컬렉션 특집을 열었다.

25. 아인슈타인(Albert Einstein, 1879-1955, 독일 태생, 스위스와 미국 국적)

아인슈타인은 독일 태생의 스위스와 미국에서 활동한 수학자 겸 이론물리학자이다. 그의 일반상대성이론은 현대 물리학의 형성에 지대한 영향을 끼쳤다. 1921년 광전효과에 관한 기여로 인하여 노벨물리학상을 수상하였다. 아인슈타인은 생애 동안 300개 이상의 과학 논문을 포함하여 다양한 업적과 활동으로 인류의 학문 발전에 기여했으며, 현대에도 천재적 인물의 대명사로 잘 알려져 있다.

1933년 미국 방문 중에 아돌프 히틀러가 독일 집권자가 되었다는 것을 알고서, 미국으로 망명하였으며 미국 시민권 취득 이후 프린스턴 고등연구소에서 교수로 지냈다. 그는 루스벨트 대통령에게 원자폭탄제조의 필요성을 역설하는 편지를 보내기도 하였다. 어려서부터 독일의 반유대주의적 환경에서 자란 영향으로 나치에 반대한 평화주의자였으며 유대인 국가 건립을 지지한 시온주의자였다. 1955년 사망시까지 프린스턴대학교 근처에서 살았고, 복부대동맥류로 인한 출혈로 76세의 나이에 세상을 떠났다.

그의 주요업적은 특수상대성이론, 일반상대성이론, 아인슈타인 장방정식, 브라운 운동, 광전효과, 질량-에너지 등가성, 보즈-아인슈타인 통계, 우주상수, EPR 역설 등이다.

주요 수상 경력은 노벨물리학상(1921), 코플리상(1925), 플랑크상(1929) 등이다.

26. 유클리드(Euclid 또는 Euclid of Alexandria, 기원전 300년경, 고대 그리스)

고대 그리스의 수학자이자 소설가이다.(수학자인지 확실하게 밝혀진 사실은 없다.)
유클리드는 고대 그리스-로마시대의 가장 눈에 띄는 수학자요 기하학자이다.
유클리드는 당시 알려진 정수론 및 기하학을 체계적으로 정리한 《유클리드 원론》을 집대성한 업적을 가장 높게 평가받고 있다.
유클리드는 "기하학에는 왕도가 없다"라고 말했다 한다.

27. 오일러(Leonhard Euler, 1707-1783, 스위스)

오일러는 스위스의 수학자이다. 제타함수를 처음 만들어 썼다. 18세기에 가장 유명한 수학자로 삼각법을 하나의 독립된 수학분야로 발전시켰다.
삼각함수의 기호 사인(sin), 코사인(cos), 탄젠트(tan)와 허수의 기호 I, 자연대수의 밑수 e를 처음으로 쓰기 시작한 사람이다. 수학의 천재인 오일러는 삼각법, 삼각함수, 복소수 등 관계하지 않은 것이 하나도 없었다. 20대에 오른쪽 눈의 시력을 잃었을 때, "한 눈으로 보니 모든 현상이 더욱 또렷이 보인다"라고 했다. 60대에 왼쪽 눈마저 실명했으나 기억력에 바탕을 두어 연구를 계속했다. 오일러의 실명은 베토벤이 청각을 잃은 것과 비교된다. 오일러의 이름은 수학에서 오일러 각도, 오일러 방정식, 오일러-라그랑주 방정식, 코시-오일러 방정식 등에 남아있다.

28. 파인만(Richard Phillips Feynman, 1918-1988, 미국)

리차드 필립 파인만은 미국의 이론물리학자이면서 수학자이다. 1965년에 양자전기역학의 기초론을 정립한 공로로 노벨물리학상을 수상했다. 1943년 초, 로버트 오펜하이머가 원자폭탄의 설계와 제조를 목적으로 설립한 비밀 연구소였던 로스 알라모스 연구소(Los Alamos Laboratory)에서 맨하튼 프로젝트를 도왔다.

파인만은 10대 이전부터 과학에 재능을 보여 신동이라 불리고, 70세에 숨을 거둘 때까지 끊임없이 연구해 물리학 발전에 크게 공헌하였다.

파인만은 뉴욕 퀸즈에서 부모 둘 다 유대인 가정에서 태어났으나 스스로를 무신론자라고 공언하였다. 파인만이 15살이었을 때 삼각법, 고급 대수학, 무한 급수, 해석기하학, 그리고 미분과 적분학을 독학했으며 대학에 입학하기 전에 자신만의 표기법을 사용하여 반도함수와 같은 수학 주제를 실험하고 유도했다. 파인만은 컬럼비아대학교에 지원했지만 허용된 유대인 수에 대한 할당때문에 받아들여지지 않자 매사추세츠공과대학교에 진학하였고 원래 수학을 전공했지만 수학이 너무 추상적이라고 생각하여 나중에 전기 공학으로 전환했다가 스스로 "너무 멀리 갔다"는 것을 알게 된 후에 "중간 어딘가"라고 주장한 물리학으로 전환했다. 학부 시절에 벌써 《피지컬 리뷰》에 두 편의 논문을 발표했다.

그의 주요 연구 업적은 양자역학에서의 경로적분, 입자물리학에서 양자전기역학의 정식화와 쪽입자 모형의 제안, 과냉각된 액체 헬륨의 초유동성 연구, 재규격화 이론, 헬만-파인만 정리, 파인만-카츠 공식, 양자 교란 등으로 잘 알려졌고, 1958년에 이미 나노머신의 등장을 예견하고 개념을 정립하였다.

파인만은 특유의 유머러스한 성격과 활발한 활동으로 인해 대중에게도 인기가 많은 과학자였다. 문학, 운동, 예술분야에 걸치는 다양한 취미 활동으로 유명하고, 그에 못지않게 사회적인 쟁점이나 비(非) 과학 분야에 대한 의견을 적극적으로 널리 알려 본인의 유명세에 기여하였다. 그는 유머러스하고 겸손해서 노력과 실력에 대해 말하면서도 자신은 운이 좋았다고 말하곤 했는데 그는 사람이 노력하는 것도 운이라고 보고 흥미 갖는 것 자체도 운의 일종으로 보았다. 권위는 별거 아니라는 태도를 평생 가졌기에 맨해튼 프로젝트 시절의 로스 앨러모스에서도 비밀을 유지하려는 정부나 군에 맞서 노동자나 계산원에게까지 이것이 어떤 프로젝트인지 알려서 근로의욕을 고취시킨 일화가 좋은 예다.

29. 플로배니우스(Ferdinand Georg Flobenius, 1849-1917, 독일)

페르디난트 게오르크 플로배니우스는 독일의 수학자였으며 타원 함수 이론, 미분 방정식, 정수론 및 군론에 대한 공헌으로 가장 잘 알려져 있다. 플로배니우스는 플로배니우스-스티켈베르거(Frobenius-Stickelberger) 공식으로 알려진 유명한 결정적 항등식, 타원 함수 지배, 이차 형태 이론 개발로 유명하다. 그는 또한 함수의 합리적 근사 개념을 처음으로 도입했으며 Cayley-Hamilton 정리에 대한 최초의 완전한 증명을 제공했다. 그는 또한 Frobenius 다양체로 알려진 현대 수학 물리학의 특정 미분 기하학 개체에 자신의 이름을 빌려주었다.

플로배니우스는 베를린대학교에서 1870년에 미분방정식에 대한 학위 논문으로 박사 학위를 받았다. 그 뒤 김나지움에서 가르치다가 베를린대학교에 교수로 부임하였다. 베를린대학교에서 1년 뒤 곧 1875~1892년까지 취리히연방공과대학교에서 교수로 있었다.

1891년 12월 레오폴트 크로네커 사망 후 크로네커 뒤를 이어 프로배니우스는 1893년 베를린대학교로 돌아왔고, 프로이센 과학 아카데미의 회원이 되었다.

그의 업적으로는 플로배니우스 정리(대수학), 플로배니우스 행렬, 페론-플로배니우스 정리, 플로배니우스 방법(Frobenius method), 플로배니우스의 부등식, 플로배니우스 대수, 플로배니우스 사상 등이다.

30. 플로에르(Andreas Floer, 1956-1991, 독일)

독일의 수학자이다. 심플렉틱 토폴로지, 수학적 물리학, 특히 플로에르(Floer)상 동성 발명에 중요한 공헌을 했다. Floer의 첫번째 중추적 기여는 symplectomorphism의 고정 지점에 대한 아놀드(Arnold) 추측의 특별한 경우의 솔루션이었다. Arnold의 추측과 즉각적인 상 동성 개발에 대한 그의 연구 덕분에 그는 폭 넓은 인정을 받았으며 1990년 8월 교토에서 개최된 국제수학자회의의 본회의 연사로 초청되었다. 그는 1989년 슬로안장학금(Sloan Fellowship)을 받았다. 슬로안장학금은 미국에서 세계적으로 전도 유망한 젊은 신진 과학자와 기초연구분야 학자들을 대상으로 기초연구를 촉진하기 위해 주는 권위있는 장학제도이다.

그는 보훔루르대학교(Ruhr-Universität Bochum)에서 1982년에 수학 학사학위를 받은 후 버클리소재 캘리포니아대학에 진학하여 타우브스 지도하에 박사공부를 하였다. 그러나 군대문제가 해결되지 않아 미국에서의 박사공부를 완료하지 못하고 1984년 보훔에서 박사 학위(Dr. Phil.)를 받았다.

1988년 버클리 캘리포니아대학의 조교수가 되었고 1990년에는 수학과 정교수로 승진도 했다. 그러나 1990년부터 모교인 보훔루르대학교(Ruhr-Universität Bochum)에서 수학 교수로 재직 중 1991년에 자살했다.

31. 프리드만(Michael Hartley Freedman, 1951-, 미국)

프리드만은 미국의 수학자로 마이크로소프트 연구소에서 연구활동을 하고 있다. 1986년 20세기 수학계에서 가장 유명한 문제 중 하나인 사차원에서 푸앵카레 추측의 증명으로 1986년 필즈상을 수상했다. 로스앤젤레스에서 태어나서 1973년 프린스턴대학교에서 박사학위를 받았고, 졸업 후 1975년까지 UC 버클리 수학과의 강사로 재직했다. 1975년 프린스턴 고등연구소의 일원이 되었으며, 1976년엔 캘리포니아대학교 샌디에이고 수학과 부교수가 된다. 1980년과 1981년을 프린스턴고등연구소에서 보내고, UC 샌디에이고로 돌아가 1982년에는 정교수로 승진한다. 1985년에는 UC 샌디에이고 수학과 학장을 지낸다. 수많은 수상경력이 있다.

32. 푸비니(Guido Fubini, 1879-1943, 이탈리아)

푸비니는 푸비니의 정리와 푸비니-스투디 계량으로 잘 알려진 수학자이다. 그의 주요업적은 푸비니의 정리, 푸비니의 미분 정리, 푸비니-스투디 계량 등이다.

베네치아에서 유대인 가정에 태어났고 아버지는 수학 교사였다. 어려서부터 수학에 탁월한 재능을 나타냈고, 1896년에 피사에 있는 스쿠올라 노르말레 수페리오레 디 피사(Scuola Normale Superiore di Pisa)에 입학하였다.

1900년에 졸업하였는데, 지도 교수 루이지 비안키가 아직 지도학생인 푸비니의 미분기하학에 관한 박사 학위 연구논문을 뛰어난 연구로, 저서에 언급해 유명해졌다.

토리노대학교에서 수십년 가르쳤다.

푸비니가 은퇴할 즈음인 1939년에 베니토 무솔리니의 파시즘 정권이 들어섰고, 반유대주의 정책을 펴기 시작하자, 푸비니는 미국으로 망명하여 프린스턴대학교에서 교편을 잡았다. 4년 뒤 뉴욕에서 사망하였다.

33. 푹스(Lazarus Immanuel Fuchs, 1833-1902, 독일)

라자루스 이마누엘 푹스는 선형미분방정식에 공헌한 독일의 수학자이다.

그의 연구 업적으로 푹스 군, 피카르-푹스 방정식(Picard–Fuchs equation), 푹스 정리(Fuchs's theorem) 등이 유명하다

푹스는 프로이센 근처의 소도시 모시나의 유대인 가정에서 태어났다. 아버지 라파엘 푹스는 교사였으며, 어머니는 체칠리 카츠였다. 1853년에 김나지움을 졸업하였다. 1854년에 베를린 훔볼트대학교에 입학하였고, 거기서 카를 바이어슈트라스가 푹스의 재능을 눈치채 직접 가르쳤다. 바이어슈트라스 밑에서 1858년에 박사 학위를 수여받았으며, 1859년 3월 19일에 베를린의 한 김나지움의 교사가 되었다. 1860년에 반유대주의를 피하기 위하여 에른스트 쿠머와 카를 바이어슈트라스의 권고에 따라 유대교에서 루터교로 개종하였다.

자녀 가운데 아들 막시밀리안 에른스트 리하르트 푹스 역시 유명한 수학자가 되었으며, 딸 클라라는 유명한 수학자 루트비히 슐레싱거(1864~1933)와 결혼하였다.

그라이프스발트대학교(Ernst-Moritz-Arndt-Universität Greifswald)와 괴팅겐대학교 교수를 거쳐 1875년에는 하이델베르크대학교로 이전하였다. 1884년에 에른스트 쿠머가 은퇴하자, 쿠머를 대신하여 베를린 훔볼트대학교 교수직을 얻었고, 여기서 평생 교편을 잡았다. 1902년 4월 26일에 베를린에서 사망하였다.

34. 가우스(Carl Friedrich Gauss, 1777-1855, 독일)

가우스는 독일의 수학자이다. 19세기의 가장 위대한 수학자이며 아르키메데스, 뉴턴과 더불어 3대 수학자로 불린다. 순수수학은 물론 응용수학에도 눈부신 업적을 남겨 타계 후 하노버왕 조지5세가 메달에 '수학의왕'이라 새겨 경의를 표했다.

브란슈바이크 지역 가난한 벽돌노동자집안 태생이었으나 10세 때 등차급수의 합을 구하는 공식을 써서 선생님을 놀라게 했다. 학교교육을 못받은 가우스의 아버지는 학문이라는 것은 쓸모없다 여기고 아들이 자신의 뒤를 이어 벽돌 노동자가 되기를 원했으나 가우스의 학문에 대한 열정을 이해한 어머니와 삼촌의 지원 덕분에 열심히 공부할 수 있었다.

브란슈바이크 공의 도움으로 괴팅겐대학에서 공부하게 되었고 이 대학교수로 평생을 보냈다. 19세 학생시절 유클리드 이래 2000년간 삼각자와 컴퍼스만으로는 그릴 수 없다고 했던 정17각형을 그릴 수 있음을 증명했다. 최소제곱수를 발견하여 복소수평면을 발표했고, 정 14각형 그리는 방법을 정수론에서 얻었다. "수학은 모든 과학의 여왕이며, 정수론을 수학의 여왕이다"라고 하여 수학과 그 중에서도 정수론을 높이 평가했다. 곡면론, 허수론, 방정식론 등에서도 새로운 개척을 하였고, 복소수라는 말도 그에게서 비롯됐다.

그의 수많은 어록 중 하나인 "아무리 큰 대성당도 건축 공사장의 마지막 조각이 채워질 때까지는 대성당이라고 할 수 없다"라는 말에서 알 수 있듯이 가우스는 완벽주의자 기질이 있어 수많은 발견들을 자신의 엄격함, 아름다움, 종합성에 대한 기준 때문에 발표하지 않았던 것도 많았다 한다. 가우스의 대표적인 업적은 비유클리드 기하학, 가우스-뤼카 정리, 가우스-보네 정리, 가우스 적분, 대수학의 기본 정리, 이차 상호 법칙, 가우스 정수, 가우스 법칙, 가우스 소거법, 가우스 곡률, 가우스 함수 등으로 알려져 있다.

35. 기벤탈(Alexander Givental, 1958-, 러시아 태생, 미국 국적)

알렉산더 기벤탈은 러시아계 미국인 수학자이며 현재 버클리 캘리포니아대학교의 수학과 교수로 재직하고 있다. 그의 주요 연구업적은 대칭위상수학과 특이성이론과 위상적 끈이론이다. 그의 이름을 딴 아놀드-기벤탈 추측(Arnold-Givental conjecture)로 유명하다.
기벤탈은 1990년에 미국으로 이민하였다. 그는 토릭 주변 공간, 특히 P4의 5차 초표면에 대한 완전한 교차점인 칼라비-야우(Calabi-Yau)다양체에 대한 거울 추측의 첫번째 증거를 제공했다. 과외 활동으로 그는 러시아 시를 영어로 번역하고 러시아 기하학 교과서 등의 번역을 하기도 했다.

36. 글라스만(Hermann Günther Grassmann, 1809-1877, 독일)

헤르만 귄터 글라스만은 독일 수학자로서 선형대수학, 벡터 공간, 외대수, 반가환수, 글라스만 다양체, 글라스만 법칙 등에 커다란 업적을 남겼다. 1840년에 출판한 논문 《조수 간만 이론》은 선형대수학의 시초로 여겨지며, 벡터 공간의 개념이

최초로 등장한다. 1844년에는 자신의 이론을 집대성한 논문 《선형 확장 이론: 수학의 새 분야》를 출판하였다. 1847년에 프로이센 교육부에 대학 교수 지원서를 보냈으나, 이를 심사했던 에른스트 쿰머는 글라스만의 선형대수학 이론을 이해하지 못하고 낙제시켰다. 1852년에 아버지가 교사로 일했던 슈체친 김나지움에 임용되었다.
자신의 이론이 무시된 것을 보고, 1862년에 글라스만은 자신의 논문을 더 쉽고 엄밀한 언어로 다시 써 《체계적이고 엄밀하게 해설한 확장 이론》이라는 제목으로 출판하였다. 그러나 이 역시 당시 학계에서 완전히 무시당했다. 학계의 냉담한 반응에 낙심한 글라스만은 수학에 흥미를 잃고, 대신 언어학을 연구하기 시작하였다. 1877년 68세의 나이로 슈체친에서 사망하였다.

37. 글리피스(Phillip Augustus Griffiths IV, 1938-, 미국)

필립 오거스터스 글리피스 4세는 미국의 수학자이다. 대수기하학, 특히 호지 이론과 모듈라이 이론에 공헌하였다.
1938년 10월 18일에 미국 노스캐롤라이나주 롤리에서 태어났다. 1959년에 노스캐롤라이나 주에 있는 웨이크포리스트대학교(Wake Forest University)에서 학사 학위를 수여받았고, 1962년에 도널드 스펜서(Donald C. Spencer) 아래 프린스턴대학교에서 박사 학위를 수여받았다.
이후 캘리포니아대학교 버클리에서 1962년~1967년 동안 있었고, 그 뒤 프린스턴대학교(1967년~1972년), 하버드대학교(1972년~1983년), 듀크대학교(1983년~1991년)에서 가르쳤다. 1991년에는 프린스턴 고등연구소 소장이 되었으며, 2003년에 은퇴하였다.
연구업적을 인정받아 리로이 스틸 상(Leroy P. Steele Prize, 1971), 브라우어 메달(Brouwer Medal, 2008), 울프 수학상(Wolf Prize, 2008), Leroy P. Steele 평생공로상(Leroy P. Steele Prize for Lifetime Achievement, 2014), 그리고 천 메달(Chern Medal, 2014)을 수상하였다.

38. 글로텐디크(Alexander Grothendieck, 1928-2014, 무국적자)

독일 태생으로 프랑스에서 활동한 수학자이다. 함수해석학과 호몰로지 대수학, 대수기하학에서 뛰어난 업적을 남겼으며, 특히 호몰로지 대수학과 대수기하학에서 매우 추상적인 관점을 도입하였다. 1966년 필즈상을 수상하였으며, 1988년에는 또 다른 필즈상 수상자인 수학자 피에르 들리뉴와 함께 크라포르드상의 수상자로 결정되었으나, 본인이 윤리적인 문제를 들어 수상을 거절하였다. 제2차 세계대전의 격동기로 인해 글로텐디크는 숨어 지내는 등 불운한 어린 시절을 보냈는데, 유대인이었던 아버지는 아우슈비츠 수용서에서 사망하였다. 종전후 젊은 글로텐디크는 프랑스 몽펠리에대학교에서 수학 공부를 시작하였으며 그의 뛰어난 수학적 능력은 여러 교수들의 눈에 띄었고, 이들의 추천으로 1948년, 더 심도있는 수학 공부를 위해 프랑스 파리로 가서 유망한 수학자 집단과 어울리면서 수학공부를 계속했다. 글로텐디크는 어린시절에 스스로 겪은 전쟁의 영향을 받아 극좌파적 정치성향과 평화주의적인 정치 성향을 보였다. 이러한 정치 성향은 베트남 전쟁이 한창이던 중 일종의 반전시위로 미군의 공중 폭격이 가해지고 있던 베트남의 하노이 근교의 숲속에서 범주론 세미나를 여는 행동도 하였다.

1958년에 글로텐디크는 프랑스의 부유한 수학자였던 장 디외도네의 지원으로 프랑스 파리에 고등수학연구소인 IHÉS를 설립하였다. 그러나 순수한 학문연구기관인 IHÉS에 프랑스 국방부의 군사용 연구자금이 들어온

것에 항의하는 뜻으로 자신이 설립한 IHÉS를 떠나(1970) 그가 처음으로 수학 공부를 시작했었던 몽펠리에대학으로 가서 교편을 잡았다. 그는 몽펠리에에서 1988년까지 몸담았다가 수학계를 완전히 떠나 자취를 감추었는데, 프랑스 아리에주주의 작은 농촌마을 라세레에 정착해서 농사를 지으며 소일하고 있었다. 2014년 사망시까지 아리에주주에 살았다.

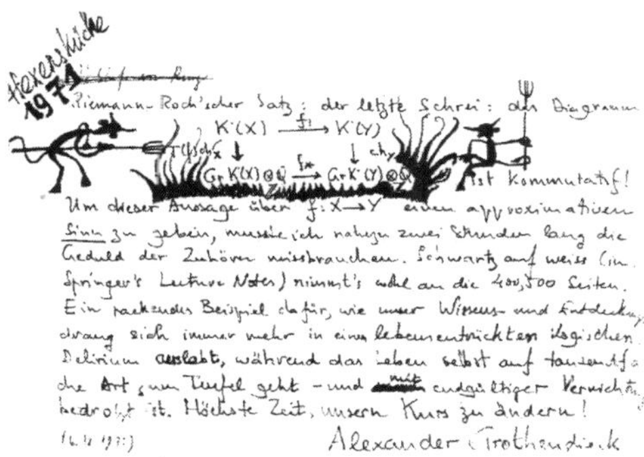

글로텐디크-리만-로흐 정리에 대해 적은 노트에 그린 글로텐디크의 낙서

그의 주요업적은 환의 스펙트럼, 사영 스펙트럼, 액스-글로텐디크 정리, 글로텐디크-리만-로흐 정리, 글로텐디크 군, 글로텐디크 위상, 글로텐디크 전체, 글로텐디크 아벨 범주, 글로텐디크 스펙트럼 열 등이 있다.

39. 히로나카(Hironaka Heisuke, 1931~, 일본)

일본의 수학자이다. 하버드대학교에서 박사 학위 취득 후 브랜다이스대학교 수학과 조교수가 돼서, 당시 대수기하학에서는 풀리지 않았던 유명한 난제인 대수다양체의 특이점 해소 정리를 완벽하게 증명해서 발표했다. 그 공로를 인정받아서, 컬럼비아대학교 수학과 정교수가 됐고, 1970년에는 수학의 노벨상이라고 불리는 필즈상을 수상하였다.

컬럼비아에서 하버드대학교 수학과로 자리를 옮기고, 하버드대학교 수학과에서 7년동안 학생들을 가르쳤다고 한다. 그 후에는 일본으로 귀국하였다.

40. 글로모브(Mikhail Leonidovich Gromov, 1943-, 프랑스와 러시아 국적)

러시아에서 태어나 프랑스에서 거주하는 러시아, 프랑스 이중 국적의 수학자이다. 수학의 여러 분야에 대해 근본적이고 폭넓은 업적을 남겼다, 특히 기하학에 공로가 크다. 심플렉틱 용량을 증명한 게 주요업적이며, 2009년 아벨상을 수상하였다. 글로모브는 기하학적 군론, 쌍곡군의 개념 창시, 심플렉틱 위상수학에서 유사정칙곡선(pseudoholomorphic curves)의 개념 도입, 리만기하학업적 등 해석학과 대수학의 분야를 심도 있게 탐구하였으며, 이러한 분야의 문제를 기하학적인 용어로 공식화하곤 했다.

글로모브의 미분 관계(differential relations)에 대한 호모토피 원리(h-principle)는 편미분방정식의 기하적 이론에 바탕을 두고 있다. 또 글로모브는 수학 외의 분야로 수리생물학에도 관심이 있다.

현재 글로모브는 IHÉS의 종신 회원이며, 뉴욕대학교의 수학 교수이다.

41. 기신(Werner Gysin, 1915-1998, 스위스)

베르너 기신은 스위스의 수학자이다. 기신은 1941년 취리히 연방공과대학교(Swiss Federal Institute of Technology in Zurich, ETH Zurich)에서 하인츠 호프(Heinz Hopf)와 에두아르드 스티펠(Eduard Stiefel)의 지도아래 박사 학위를 받았다. 그의 주요업적으로 기신 완전열, 기신 시퀀스와 기신 동형을 들 수 있다.

Zur Homologietheorie der Abbildungen und Faserungen von Mannigfaltigkeiten

Von Werner Gysin, Zürich

Einleitung

Mit der vorliegenden Arbeit soll ein Beitrag geliefert werden zur Homologietheorie der Faserabbildungen von Komplexen. Unter einer solchen verstehen wir eine stetige Abbildung f eines Komplexes K auf einen (simplizialen) Komplex **k**, welche folgende Bedingungen erfüllt:

1. Das Urbild eines jeden Punktes π aus **k** ist einer von π unabhängigen Punktmenge S von K, der Faser, homöomorph.
2. Das Urbild eines jeden Simplexes $|\xi|$ von **k** ist homöomorph dem topologischen Produkte $|\xi \times S|$, und zwar so, daß hierin die Urbildmenge eines beliebigen Punktes π aus $|\xi|$ das Produkt $|\pi \times S|$ ist.

K heißt dann gefasert; S ist die Faser; **k** ist der Faserraum[1] [2] [*]).

Solche Faserungen treten z. B. auf bei der Zerlegung einer Gruppenmannigfaltigkeit G in die Nebengruppen nach einer Untergruppe U von G[3]). Die von H. Whitney behandelten Sphere-spaces[4]), neuerdings Sphere-bundles[5]) genannt, sind in Sphären gefaserte Komplexe. Ein Beispiel dieser Art ist der Raum der gerichteten Linienelemente auf einer Mannigfaltigkeit Λ.

Die in der vorliegenden Arbeit betrachteten Faserungen sind nicht so allgemein, wie die soeben definierten; wir werden ihnen zweierlei Beschränkungen auferlegen:

1. Der gefaserte Komplex K und der Faserraum **k** sind geschlossene, orientierbare Mannigfaltigkeiten L und Λ.
2. Die Faser S ist eine (Homologie-) Sphäre.

Die erste Einschränkung ist hauptsächlich in der gewählten Darstellung begründet. Wenn auch einige der hergeleiteten Resultate auf den Mannigfaltigkeitseigenschaften von L und Λ beruhen, so lassen sich doch die für die Fasertheorie wesentlichen Sätze auch auf den Fall allgemeiner Komplexe übertragen. Während man aber in Mannigfaltigkeiten alle Homologiebeziehungen im Rahmen der klassischen Homologie- und Schnittheorie ausdrücken kann, ist man bei Zugrundelegung allgemeiner

*) Solche Verweise weisen auf das Literaturverzeichnis am Schlusse der Arbeit.

61

기신의 논문 중 영향력이 많다고 평가받는 논문 (Werner Gysin, Published 1 December 1941, Mathematics Commentarii Mathematici Helvetici)

42. 해밀턴(William Rowan Hamilton, 1805-1865, 아일랜드)

해밀턴은 아일랜드 수학자이다. 대수학에서 복소수 체를 포함하는 나눗셈 환인 사원수와 선형대수학에서 케일리-해밀턴 정리, 그래프 이론에서 해밀턴 경로가 대표적 업적이다. 수학 이외에 광학, 고전 역학 발전에도 큰 공헌을 했다. 고전 역학에서 라그랑주 역학을 더욱 발전시켜 해밀턴 역학을 만들었으며, 해밀토니안 개념은 나중에 양자역학의 발전에도 중요한 영향을 미쳤다. 해밀턴은 어린 시절부터 뛰어난 재능을 보여, 존 브링클리는 1823년 18살의 해밀턴에 대해 "앞으로는 알 수 없지만 현재 그의 나이에서 최고의 수학자이다"라고 평했다. 해밀턴은 당시 알려져 있던 라그랑지안과 라그랑주 방정식에 대한 해석을 내놓았다. 주요 업적을 요약하자면 케일리-해밀턴 정리, 해밀턴 경로, 해밀턴 역학, 해밀턴 - 자코비 방정식, 해밀턴 벡터장, 해밀턴 그룹, 삼각군 등이다.

43. 하우스돌프(Felix Hausdorff, 1868-1942, 독일)

독일의 수학자이다. 위상공간 등 토폴로지에 크게 기여하였다. 주요업적은 하우스돌프 측정, 하우스돌프치수, 하우스돌프 공간, 하우스돌프 최대원리, 하우스돌프 거리, 하우스돌프 역설, 하우스돌프 순간문제, 하우스돌프-영 불평등 등이다.

44. 히르체브루크(Friedrich Ernst Peter Hirzebruch, 1927-2012, 독일)

독일의 수학자로 위상수학과 복소다양체 이론, 대수기하학에 큰 업적을 남겼다. 마이클 아티야와 같이 위상 K이론을 창시하였다.

주요업적은 히르체브루크-리만-로흐 정리, 히르체브루크 곡면, 위상 K이론 등이다.

히르체브루크는 1950년 독일 뮌스터대학교에서 박사학위 후, 1956년 본대학교의 수학 정교수가 된 후 1993년 은퇴까지 본대학에서 머물렀다.

45. 호지(William Vallance Douglas Hodge, 1903-1975, 스코틀랜드)

스코틀랜드의 기하학자이다. 대수기하학과 미분기하학에 대한 호지 이론을 세웠다. 마이클 아티야의 지도교수였고, 주요 업적은 호지 추측, 호지 쌍대, 호지 이론, 호지 구조 등이다.

호지 추측(Hodge conjecture)은 아직 완벽한 증명이 이뤄지지 않은, 대수

기하학에서 복소수체 위의 비특이 사영 대수다양체의 코호몰로지에 대한 주요 미해결 문제이다. 1926년 브리스틀대학교에서 가르치기 시작하였으며, 1930년에는 케임브리지대학교 세인트존스 칼리지에서 연구원(Research Fellow) 자리를 얻었다. 1931-1932년에는 프린스턴대학교에서 가르쳤으며, 다시 케임브리지대학교로 돌아와 교수직을 얻었다. 1959-1965년 동안 왕립 학회의 부회장(vice president)이었으며, 1959년에 작위를 얻었다. 1975년 케임브리지에서 사망하였다

46. 호프(Heinz Hopf, 1894-1971, 독일 태생, 스위스 국적)

독일 태생 스위스 국적의 수학자이다. 어렸을 때부터 수학에 재능을 보였다. 1920년 베를린 훔볼트대학교에서 박사학위를 수여받은 후 괴팅겐대학교에서 다비트 힐베르트, 에미 뇌터, 카를 다비트 톨메 룽게 등과 같이 연구하다가 1926년 다시 베를린대학교로 돌아왔다. 1927-1928년에는 프린스턴대학고에서 강의한 바 있다. 1929년에 프린스턴대학교에서 교수로 초빙하였으나 거절하였고, 1931년 취리히 연방공과대학교에서 교편을 잡았다. 1940년에 프린스턴대학교에서 다시 교수로 초빙하였으나 다시 거절하였다.

아버지가 유대인인 호프의 재산을 독일이 몰수하자 호프는 스위스 국적을 취득하고, 스위스에서 머물렀다. 전후 1946-47년 및 1955-56년에는 프린스턴대학교에 머물렀고, 뉴욕대학교 및 스탠퍼드대학교에서 강의하였다. 1955년~1958년 국제수학연맹 회장을 맡았다. 1971년 스위스에서 사망하였다.

취리히 연방공과대학교에서는 호프를 기려 2001년부터 2년마다 순수수학에 대한 하인츠호프 기념강연을 개최하며, 2009년부터 호프 기념강연과 동시에 하인츠 호프상을 수여하고 있다. 상금은 3만 스위스 프랑이며, 2009년부터 호프 기념강연은 호프상 수상자가 맡는다. 호프의 주요업적으로는 호프 대수, 호프 다발, 푸앵카레-호프 정리, 호프 불변량 등이다.

47. 후레비치(Witold Hurewicz, 1904-1956, 폴란드)

폴란드의 수학자이다. 주요업적은 호모토피 군, 후레비치 올뭉치, 후레비치 준동형 등이다.
1904년 당시 러시아 제국에 속했던 폴란드 우치의 유대인 가정에서 태어났다.
1914년에 제1차 세계 대전이 발발하자 후레비치 가족은 모스크바로 피난하였고, 종전 뒤 1919년에 다시 우치로 귀국하였다. 빈대학교에서 1926년에 박사 학위를 수여받았다. 1927년~1936년을 암스테르담대학교에서 보낸 뒤, 1936년에 미국으로 이민하였고, 1939년에 미국 시민권을 취득하였다.
프린스턴고등연구소에서 일한 뒤, 1939년에 노스캐롤라이나대학교 채플힐 교수가 되었다. 1945년에 매사추세츠공과대학교 교수가 되었다.
1956년에 멕시코시티에서 열린 국제대수적위상수학학회에 참석하던 중 유카탄의 고대 마야문명을 탐사하다 추락사 하였다.

48. 자코비(Carl Gustav Jacob Jacobi, 1804-1851, 독일)

자코비의 주요업적은 자코비 기호, 자코비 다양체, 자코비 세타함수, 자코비 타원함수, 자코비 행렬, 자코비형식, 자코비 항등식, 해밀턴-자코비 방정식 등이다.

1825년 박사학위를 수여받았다. 1827년 쾨니히스베르크대학교 수학교수가 되었고, 1829년에는 정교수로 승진하였으며, 1842년까지 연구 활동하였다. 1843년에 과로로 쓰러졌다.

자코비는 삼각함수에 기초를 둔 타원함수를 만들었다. 아벨의 초월함수를 연구하고 타원함수론을 확립했으며, 행렬식을 연구해 해석학에 중요한 함수행렬식을 만들었다. 또한 편미분방정식을 연구해 해밀턴-자코비 방정식을 도입하여 역학을 연구하는데 매우 중요한 역할을 했다.

49. 고다이라(Kunihiko Kodaira, 1915-1997, 일본)

일본의 수학자로 조화적분론과 그것의 대수기하학에 대한 응용에 대한 업적으로 1954년에 필즈상을 수상하였다.

주요업적은 고다이라 소멸정리, 고다이라 매장정리, 고다이라 차원, 엔리퀘스-고다이라 분류 등이다.

1935년 도쿄제국대학 수학과 입학 후 1938년에 졸업하고 나서 다시 같은 학교 물리학과에 입학했다. 도쿄대학에서 박사학위를 받았는데, 헤르만 바일이 그의 일본 시절 논문에 주목함으로써 미국에 초청 받게 된다.

1949년부터 1962년까지 고다이라는 프린스턴고등연구소와 프린스턴대학교에서 일하였다. 그 뒤 존스홉킨스대학교, 스탠퍼드대학교를 거쳐 1967년 도쿄대학으로 돌아가서 교수를 역임하였다.
그 밖의 업적으로 도널드 클레이턴 스펜서(Donald Clayton Spencer)와 함께 개척한 변형이론(deformation theory)이 있다. 고다이라는 스펜서와 함께 고다이라-스펜서 함수(Kodaira-Spencer map)를 정의하였는데, 이 함수는 주어진 복소다양체의 모든 가능한 변형(deformation)들을 분류한다. 이는 변형이론의 시초를 이룬다.

50. 콘체비치(Max Kontsevich, 1964-, 러시아와 프랑스 국적)

막심 리보비치 콘체비치는 러시아에서 태어나 프랑스에서 활동중인 수학자이다. 1998년에 독일 베를린에서 열린 23회 세계 수학자 대회에서 필즈상(Fields Medal)을 수상하였고, 2008년에는 크라포르드상(Crafoord Prize)을 수상하였을 뿐 아니라 포앙카레상(Henri Poincare Prize, 1997)과 두 차례의 브레이크스루상(Breakthrough Prize in Fundamental Physics, 2012 and Breakthrough Prize in Mathematics, 2015)도 수상하였다.
특이하게도 콘체비치는 언어학자로 한국어의 키릴 표기 체계를 연구한 콘체비치 시스템(Kontsevich system)의 저자인 레프 콘체비치(Lev Kontsevich)의 아들로 태어났다. 소비에트 연방 수학 올림피아드에서 2위로 수상한 바 있고 독일의 본대학교에서 돈 재기어 교수의 지도 아래 에드워드 위튼의 두 양자 중력장 모델의 동치성에 대한 가설을 증명함으로 1992년에 수학박사학위를 받았다. 현재는 프랑스의 IHES(Institut des Hautes Etudes Scientifiques)의 종신교수이며, 동시에 미국의 마이애미대학교의 석좌교수이기도 하다.

콘체비치의 업적은 주로 수리 물리학의 기하학적 현상에 대한 것들이 많은데, 그중 매듭 이론, 양자화와 거울 대칭이 대표적이다. 가장 유명한 결과 중 하나는 푸아송 다양체(Poisson manifold)에서의 변형 양자화(deformation quantization)에 대한 수학 정리이다. 그 외에도 파인만 도형에 대한 다양한 결과들과 위상 양자장론 등에 대해서도 많은 결과들이 있다.

51. 켈러(Erich Kähler, 1906-2000, 독일)

독일의 수학자이다. 주요업적은 켈러다양체, 켈러 미분 등이다. 켈러다양체의 개념을 도입하였고, K3 곡면도 켈러의 이름을 땄다.

나치당과 아돌프 히틀러를 지지하였으며, 1937년에 독일 해군에 자원하였다. 제2차세계대전 중 독일군으로 프랑스에서 포로가 되었으나. 프랑스 학자들의 도움으로 전쟁 포로임에도 불구하고 수학을 연구하며 조용히 지낼 수 있었다.

1947년에 석방되었으나, 이후에도 나치 독일에 대하여 긍정적인 태도를 보였으며, 적어도 1988년까지 사무실에 나치 독일 해군의 기를 소장하고 있었다고 한다.

1948년에 라이프치히대학교 교수가 되었다. 동독에서의 삶을 좋아하지 않아 1958년에 서독의 베를린공과대학교로 이전하였고, 이후 1964년에 함부르크대학교 교수가 되어 은퇴까지 지냈다.

52. 쿰머(Ernst Eduard Kummer, 1810-1893, 독일)

쿰머는 독일의 수학자이다. 쿰머는 수학의 여러 분야에 기여하였다. 접속 관계인 서로 다른 초기하급수 사이의 관계를 정리하였고, 19세기에 집중적으로 연구된 초기 오비폴드 가운데 16개의 특이점을 갖는 쿰머곡면을 정의하였다.

쿰머의 첫번째 아내 오틸리에 멘델스존(Ottilie Mendelssohn)은 작곡가 펠릭스 멘델스존의 사촌이었다. 1855년 쿰머는 베를린대학의 수학교수가 되었고, 군사학교에서 탄도학 교수를 겸임하면서 독일 육군장교들에게 탄도학을 가르쳤으며, 만년에는 김나지움의 수학 교사로 10년 간 재직하였다. 김나지움 시절 쿰머의 제자였던 레오폴트 크로네커는 쿰머에게 감명을 받아 수학자가 되었다.

쿰머의 주요 업적으로는 쿰머곡면, 쿰머 방정식, 쿰머 환, 쿰머 합, 그리고 K3곡면의 K중 하나는 쿰머를 기리기 위한 것이다.

53. 퀴네스(Hermann Künneth, 1892-1975, 독일)

퀴네스는 독일의 수학자이자 유명한 대수적 위상수학자로 현재 퀴네스정리(Künneth theorem)에 대한 그의 기여로 잘 알려져 있다. 그는 제 1 차 세계대전에 참전했고 영국군에 포로로 잡힌 적도 있다. 1922년 에를랑겐대학에서 박사학위를 받았고 1923년부터 에를랑겐의 중등학교에서 수학교사로 재직 후, 에를랑겐대학의 교수가 되었다. 향년 82세로 1975년 사망하였다. 그의 업적 분야는 수학, 대수적위상수학이다.

54. 라플라스(Pierre-Simon Laplace, 1749-1827, 프랑스)

프랑스의 수학자이다. '프랑스의 뉴턴'으로 불리며 내무장관까지 지낸 후작 지위을 갖은 수학자 겸 물리학자로서 라플라스는 확률의 해석에 공헌을 하였다.

라플라스는 프랑스 육군사관학교에서 보나파르트 나폴레옹에게 수학을 가르친 스승이었다. 그의 역저 <천체역학(총5권>은 당시 물리학을 집대성하고 확장한 것으로 평가받는다. 더불어 <확률론의 해석이론>등의 명저를 남겼으며 수리물리학 발전에 엄청난 공헌을 했다. 라플라스 변환, 라플라스 방정식 등에 그의 이름이 남아있다.

55. 렢셔츠(Solomon Lefschetz, 1884-1972, 미국)

러시아 태생의 미국 수학자로 대수적위상수학에 중대한 업적을 남겼다. 대수기하학과 비선형 미분방정식 이론의 발전에 많은 영향을 주었다.

주요업적은 렢셔츠 고정점정리, 피카르-렢셔츠 이론, 렢셔츠 연결, 렢셔츠 초평면 정리, 렢셔츠 쌍대성, 렢셔츠 다양체, 렢셔츠 고정점정리, 렢셔츠 제타 함수 등이다.

렢셔츠는 20대 초반에 산업현장에서의 사고로 양손을 모두 잃는 중상을 당했으나, 수학 분야로 옮겨서 대수기하학분야에서 박사학위를 받았고 프린스턴대학교 정교수까지 되었다.

56. 라이프니츠(Gottfried Leibniz, 1646-1716, 독일)

독일의 수학자로 17세기의 세계적 천재이다. 극한에 의한 구분구적법을 정적분법으로 연결시켰다. 적분기호 $\int$ 를 도입하였다.

아리스텔레스에 견줄만큼 폭넓은 연구를 한 학자이다. 미적분법은 라이프니츠의 것이 더 편리하다. 베를린 학사원을 만들고 유럽각지에도 학사원을 세울 것을 장려하여 학문의 발전에도 힘썼다. 어릴 때부터 조숙한 천재로서, 혼자 힘으로 방대한 서적을 익히고, '말에는 명석함을 사상(事象)에는 유효성을' 찾는 것을 알았다고 한다. 14살에 라이프치히대학교 법과에 입학, 20살인 1666년에 졸업했다. 마인츠의 법전 수정 작업을 한 다음, 1672년 외교 사절로 파리에 가서, 1676년까지 체재했다. 이 사이 특히 수학을 연구, 미적분학의 기본정리를 발견하고, 위치해석의 새 방법에 대한 착상을 얻었다.

57. 리(Marius Sophus Lie, 1842-1899, 노르웨이)

노르웨이 수학자로서 그의 이름을 딴 리대수로 유명하다. 그의 주요업적은 리군, 리대수, 리괄호 등이 있다.

목사의 아들로 태어났으며, 현재의 오슬로대학인 크리스티아니아대학에서 학업을 마쳤다. 1872년 그 대학 교수가 되었으며, 1886년에는 펠릭스 클라인의 후임으로 라이프치히대학 교수로 취임한다. 그러나 우울증과 향수에 시달렸으며, 1898년 고향으로 귀향, 이듬해 56세의 나이에 비타민B12 흡수기능이 저하되어 생기는 악성 괴혈병으로 사망했다.

58. 마닌(Yuri Ivanovich Manin, 1937-2023, 러시아)

유리 이바노비치 마닌은 러시아의 수학자로, 대수 기하학과 디오판틴 기하학 분야의 연구와 수학적 논리학에서 이론 물리학에 이르는 많은 분야에 유명하다.

그는 1960년에 Steklov 수학연구소에서 박사 학위를 받았고, 독일 본에 있는 막스프랑크 수학연구소의 교수가 되었으며, 1992년부터 2005년까지 막스프랑크의 이사를 역임한 후 명예 이사로 재직했으며 또한 미국 노스웨스턴대학의 명예교수이기도 했다.

주요 연구 업적으로 마닌은 John Tate, David Mumford, Michael Artin 및 Barry Mazur와 함께 산술 위상수학 분야를 개척했고 또한 대수적 변종에 대한 경계 높이의 유리점 수의 점근적 행동을 예측하는 마닌 추측(Manin conjecture)을 공식화했다.

수리 물리학에서 마닌은 Yang-Mills 이론, 양자 정보 및 거울 대칭에 관해 썼고, 그의 저서 《계산가능한 것과 계산 불가능한 것(Computable and Uncomputable)》을 통해 양자 컴퓨터에 대한 아이디어를 최초로 제안한 사람 중 한 명이었다.

그의 연구로도 마닌 매트릭스(Manin matrix), 마닌 방해(Manin obstruction), 마닌 트리플(Manin triple), 마닌-드린펠트 정리(Manin-Drinfeld theorem), 마닌-멈퍼드 추측(Manin-Mumford conjecture), 가우스-마닌 연결(Gauss-Manin connection), 양자 시뮬레이터(Quantum simulator) 등이 있다.

59. 밀너(John Willard Milnor, 1931-, 미국)

미국의 수학자이다. 미분위상수학·K이론 등에 대한 업적과 수없이 많은 유명한 수학 저서들로 유명하다. 밀너의 저서들은 수학책이 어떻게 쓰여져야 하는가에 대한 좋은 본보기로 많은 사람들이 꼽고 있다. 1962년에 필즈상을 수상하였고, 2005년 현재, 그는 역시 저명한 수학자인 그의 부인 두사 맥더프(Dusa McDuff)와 함께 스토니브룩대학교(State University of New York at Stony Brook)에 재직하고 있다.

밀너는 그의 뛰어난 업적과 재능 덕에 그 자신이 학부시절을 보낸 프린스턴대학교에서 박사학위를 받았다. 밀너는 1962년부터 수학 연보(Annals of Mathematics)의 편집자였으며, 여러 중요한 저서들인 《미분가능성 관점에서의 위상수학(Topology from the Differentiable Viewpoint)》, 《모스 이론(Morse theory)》, 《특성류(Characteristic classes)》, 《h-보충 경계 정리(The h-Cobordism theorem)》, 《복소 일변수의 동역학(Dynamics in One Complex Variable)》, 《복소 초곡면의 특이점(Singular Points of Complex Hypersurfaces)》 등이 있다.

1962년 그의 미분위상수학에 대한 업적으로 필즈상을 수상하였고, 그 후 1967년에는 미국 국가 과학메달(National Medal of Science)를, 1982년에는 수학 연구에 관한 스틸상(Steele prize), 1989년에는 울프상, 그리고 2004년에는 수학 저서에 관한 스틸상을 수상하였다. 2011년 아벨상 수상자로 선정되었다. 이로써 그는 필즈상, 울프상, 아벨상을 모두 수상한 수학자가 되었다.

60. 모리슨(David R. Morrison, 1955-, 미국)

데이비드 로버트 모리슨은 캘리포니아주 오클랜드 출생으로 미국의 수학자이자 이론물리학자이다. 그는 끈 이론과 대수 기하학, 특히 이론 물리학과의 상관 관계를 연구하고 있다.

모리슨은 1976년 프린스턴대학교에서 학사 학위를 취득했고, 1977년 하버드대학교에서 석사 학위를 취득했으며, 1980년에 Phillip Griffiths 밑에서 Enriques' and Hyperelliptic Surfaces 논문으로 박사 학위를 취득했다. 1980년부터 그는 강사, 1982년부터 프린스턴대학의 조교수, 1984년부터 1985년까지 교토대학의 객원 과학자로 있다가 1986년에 듀크대학의 부교수, 1992년에 수학교수가 되었고, 1997년에는 "제임스 B. 듀크 수학과 물리학 교수"가 되었다. 2006년부터 그는 캘리포니아대학교 산타바바라 캠퍼스의 교수로 재직하고 있다.

모리슨은 고전 대수 기하학 분야의 수학자로서 경력을 시작했지만 나중에는 끈이론가로도 활동했다. 그는 대수기하학과 끈이론, 특히 거울대칭의 인터페이스와 상호 수정에 대해 연구하고 있다.

2015년에 그는 미국 예술과학아카데미의 회원이 되었고, 2005년에는 클레이수학연구소의 선임학자, 2005~2006년에는 구겐하임 펠로우가 되었다.

1994년 취리히에서 열린 국제 수학자 회의에 '거울대칭 및 초등각장 이론의 모듈라이공간'을 주제로 초청강연을 하였다.

61. 매클레인(Saunders Mac Lane, 1909–2005, 미국)

미국의 수학자로 사무엘 아일렌버그와 함께 범주론을 창안하였다. 주요업적은 범주론, 범주함자, 자연 변환, 아일렌버그-매클레인 공간, 막대 복합체, 모노이드 범주, 대칭 모노이드 범주 등이다. 미국 코네티컷주 태프트빌에서 태어났고 매클레인 가문은 스코틀랜드 출신이었다.
예일대학교 학사, 시카고대학교 석사, 괴팅겐대학교에서 에미 뇌터, 헤르만 바일, 파울 베르나이스 등 아래서 박사 학위를 밟았다.
1938년~1947년에는 하버드대학교에 교수로 있었고, 1947년부터 시카고대학교에서 교수로 재직하였다.

62. 맥스웰(James Clerk Maxwell, 1831-1879, 영국)

제임스 클러크 맥스웰은 스코틀랜드의 에든버러에서 태어난 영국의 이론물리학자이자 수학자이다.
맥스웰의 가장 위대한 성과는 전기 및 자기 현상에 대한 통일적 기초를 마련한 것이다. 전기와 자기를 단일한 힘으로 통합한 전자기학은 뉴턴 역학과 함께 과학 발전의 초석이 되었다. 맥스웰의 전자기학의 확립은 19세기 물리학이 이룩한 성과로 높게 평가받고 있다. 수학에 뛰어났던 그가 기존에 존재했던 패러데이의 유도 법칙, 쿨롱의 법칙 등 전자기 이론을 수식적으로 정리하여 나타낸 식이 '맥스웰 방정식'이다. 이 방정식은 전자기학의 기초가 되는 미분방정식으로 이는 볼츠만의 통계역학과 함께 19세기 물리학이 이룬 큰 성과로 높이 평가받고 있다.

맥스웰은 1865년 "전자기장의 역학 이론"을 출판하면서 전기장과 자기장이 빛의 속도로 움직이는 파동처럼 공간을 통해 이동한다는 사실을 입증했다. 그는 빛이 전기 및 자기 현상의 원인이 되는 동일한 매질의 파동이라고 제안했고, 빛과 전기 현상의 통일은 전파의 존재에 대한 그의 예측으로 이어졌다. 맥스웰은 또한 현대 전기 공학 분야의 창시자로 간주된다.
맥스웰은 가스의 운동 이론의 측면을 설명하는 통계적 수단인 Maxwell-Boltzmann 분포를 최초로 도출했으며, 그의 경력 전반에 걸쳐 산발적으로 작업했다. 그는 또한 1861년 최초의 내구성 있는 컬러 사진을 발표하고 많은 교량에서와 같은 막대 및 연결 프레임워크(트러스)의 강성을 분석하는 기초 작업으로도 유명하다.
그의 발견은 현대 물리학 시대를 여는 데 도움이 되었으며 특수상대성 이론 및 양자역학과 같은 분야의 토대를 마련했다. 많은 물리학자들은 맥스웰을 20세기 물리학에 가장 큰 영향을 미친 19세기 과학자로 평가한다. 과학에 대한 그의 수많은 공헌은 많은 사람들에 의해 아이작 뉴턴(Isaak Newton)과 알버트 아인슈타인(Albert Einstein)의 공헌과 같은 규모로 간주한다. 가장 저명한 물리학자 100명을 대상으로 실시한 밀레니엄 여론 조사에서 맥스웰은 뉴턴과 아인슈타인에 이어 세 번째로 위대한 물리학자로 선정되기도 했다.
맥스웰 탄생 100주년을 맞아 아인슈타인은 맥스웰의 연구를 "뉴턴 시대 이후 물리학이 경험한 가장 심오하고 가장 유익한 것"이라고 묘사했다. 톰 지그프리드는 맥스웰을 "주변 사람들보다 더 예리한 감각으로 물리적 세계를 인식한 세기에 한 번뿐인 천재 중 한 명"이라고 묘사했다.

63. 모스(Harold Calvin Marston Morse, 1892-1977, 미국)

미국의 수학자로 미분위상수학의 한 분야인 모스 이론을 창시하였다.

하버드대학교, 브라운대학교, 코넬대학교에서 강의하다가 프린스턴 고등연구소에서 교수직을 얻어, 여기서 은퇴할 때까지 있었고, 1977년 6월 22일 프린스턴에서 사망하였다.

모스는 일생의 대부분을 자신이 창시한 모스 이론에 바쳤다. 오늘날 모스 이론과 이로부터 파생된 플뢰어 호몰로지는 미분위상수학뿐만 아니라 이론물리학, 특히 끈이론에 중요한 역할을 한다.

64. 멈포드(David Mumford, 1937-, 미국)

데이비드 브라이언트 멈포드는 대수기하학 연구와 비전 및 패턴이론 연구로 유명한 미국 수학자이다. 그는 필즈상을 수상했고 맥아더 펠로우이기도 했다. 2010년에는 국가과학훈장(National Medal of Science)을 수상했으며 현재 브라운대학교 응용수학부 명예교수로 재직하고 있다.

멈퍼드는 영국 웨스트 서식스 주 워스에서 영국인 아버지와 미국인 어머니 사이에서 태어났다. 그는 필립스엑스터 아카데미(Phillips Exeter Academy)에 다녔고 하버드대학교에 진학하여 오스카 자리스키(Oscar Zariski)의 학생이 되었다. 1961년에 모든 속의 곡선에 대한 계수 체계의 존재라는 제목의 논문으로 박사 학위를 마쳤다.

멈포드의 기하학 연구는 전통적인 기하학적 통찰력과 최신 대수학 기술을 결합했다. 그는 그의 저서인 기하학적 불변량 이론(Geometric Invariant

Theory)에 요약된 이론과 함께 모듀라이공간(moduli space), 아벨 다양성을 정의하는 방정식 및 대수적 표면에 대해 출판했다.
멈포드는 1974년에 필즈상을 수상했고, 2006년에 쇼(Shaw)상을 받았다. 2007년에는 미국수학회로부터 스틸(Steele)상을 받았으며 2008년에 울프상(Wolf Prize)을 수상했다.

65. 뉴턴(Sir Isaac Newton, 1643-1727, 영국)

아이작 뉴턴경(Sir Isaac Newton)은 영국의 수학자, 물리학자, 천문학자이다.
1687년 발간된 《자연철학의 수학적 원리》는 고전역학과 만유인력의 기본 바탕을 제시하며, 과학사에서 가장 영향력있는 저서 중의 하나로 꼽힌다. 이 저서에서 뉴턴은 만유인력과 3가지의 뉴턴 운동 법칙을 저술했다.
수학적 업적으로 뉴턴은 라이프니츠와 별도로 미적분학에 기여했다. 또한, 그는 일반화된 이항정리를 증명하고, 소위 뉴턴의 방법이라 불리는 미분 가능한 연속 함수 f에 대해 미분계수와 접선을 반복해서 구하여 근에 근사하게끔 하는 방법을 발견하고, 거듭제곱 급수의 연구에 기여했다.
사실상 뉴턴으로 부터 물리학이 시작됐다라고 할 수 있으며, 이후로 모든 물리학 이론에서 수학적 모델링이 필수적으로 요구되고 있다. 17세기 말경 뉴턴은 물체에 가해지는 힘이 속도가 아니라 가속을 일정한 비율로 증가시킨다는 것을 증명하였다. 뉴턴은 1687년 물체의 운동에 관한 3가지 법칙을 《프린키피아(Principia)》에서 증명했다.
뉴턴은 전통적인 기독교 성직자는 아니었지만, 신앙심 또한 깊었다. 그는 삼위일체설을 부정하였고 유일신인 창조주를 믿었다.
아이작 뉴턴의 어린 시절은 매우 불행하였다. 아이작 뉴턴이 태어났을때

이미 아버지가 세상을 떠난 뒤였고, 뉴턴이 3살이었을 때, 그의 어머니 한나 스미스가 재혼하면서 그는 외가에 맡겨지게 되었다. 대학 시절 1661년 6월 선생님의 제안으로 영국 케임브리지대학교 트리니티칼리지에 입학하였다.

1665년 영국에서 흑사병이 유행하자 케임브리지대학교는 폐교되었고 뉴턴은 2년 동안 고향에 내려갔다. 그의 위대한 업적의 대부분은 1665~1666년 흑사병 은둔시기에 싹튼 것으로, 유명한 사과의 일화도 이 무렵의 일이다. 2년간의 한적한 시골살이는 과학과 철학에 대한 사색에 많은 시간을 할애할 수 있는 기회를 주었으며, 이 시기에 수학, 광학, 천문학, 물리학의 중요한 발견들을 해냈다. 1672년에 빛에 대한 획기적인 발견을 했다. 캄캄한 방 안에서 가느다란 빛줄기가 프리즘을 통과하면 빨간색부터 보라색에 이르는 무지개 색과 똑같았다. 이렇게 갈라진 전체색의 빛을 렌즈에 통과시키면 다시 백색광으로 변했다. 뉴턴은 색은 빛의 기본 요소이며, 백색광은 스펙트럼상의 모든 색이 합쳐진 결과라고 결론 내렸다. 또, 스펙트럼상의 모든 색의 빛은 각각 굴절 정도가 다르며 고유하다는 사실도 알아냈다.

뉴턴은 1727년 3월 31일 84세의 나이로 잠자던 중 편안하게 세상을 떠났다. 그의 유해는 웨스트민스터 사원에 안장되었다.

66. 니젠후스(Albert Nijenhuis, 1926-2015, 네덜란드)

네델란드 수학자로 그의 초기 연구는 미분기하학 영역에 있었다. 1951년 암스테르담대학에서 박사 학위를 받으면서 니젠후스 텐서를 개발했다.

그는 1952년 플브라이트 장학금을 받고, 프린스턴대학 연구원(1952-1953)으로 미국에 왔다. 그후 1953-1955사이에 프린스턴고등연구소에서 공부하였고, 그 후 1년 동안 시카고대학교, 그 후 시애틀소재 워싱턴대학교 (University of Washington) 에서 조교수로 근무한 후, 1963년 펜실베니아 대학교에서 수학과 교수로 취직하여 1987년 은퇴할 때까지 수학교수로 재직했다.

은퇴한 후에, 미분기하학에 대한 그의 관심이 재연되었다. 그의 마지막 컨퍼런스 프레젠테이션과 논문은 그가 거의 70살 때 발표되었다.

67. 닐렌버그(Louis Nirenberg, 1925-2020, 캐나다 태생, 미국 국적)

닐렌버그는 캐나다 출생의 미국수학자이다. 보셔 기념상, 제프리 윌리엄스상, 리로이 P. 스틸상, 아벨상, 크라포르드상 등을 수상하였다. 그는 1950년 뉴욕대학교에서 박사학위를 하였고, 또 평생을 뉴욕대 수학과에서 가르쳤다. 20세기의 가장 뛰어난 수학자 중 한 명으로 여겨졌는데 2020년 사망하였다.

그의 주요 연구는 현과 드럼의 진동, 열의 흐름, 물의 움직임 및 기타 여러 현상을 설명하는 편미분 방정식 분야에 있다. 그의 많은 공헌은 2차 포물선 편미분 방정식에 대한 강력한 최대 원리에 대한 그의 증명과 같이 분야의 기본으로 간주되며 복잡한 분석과 미분기하학 연구와 밀접한 관련이있는 많은 연구를 통해 기하학적 분석 분야의 기초 인물로 간주된다.

그 외 다른 성과로는 2차원의 미노스키(Minkowski) 문제 해결, Gagliardo-Nirenberg 보간 불평등, 복잡한 기하학의 Newlander-Nirenberg 정리, Joseph Kohn과의 의사미분연산자 개발 등이 있다.

68. 노비코프(Sergei Novikov, 1938-, 러시아)

세르게이 노비코프는 러시아의 수학자이다. 대수적 위상수학과 솔리톤 이론에 대한 연구로 유명하다. 노비코프의 아버지 표트르 세르게예비치 노비코프와 어머니 류드밀라 프세볼로도브나 켈디시 둘 다 유명한 수학자였다. 노비코프는 1960년에 모스크바대학교를 졸업하였고, Steklov 수학연구소의 기하학 및 위상수학 부서의 책임자로 연구한다. 그는 또한 메릴랜드대학교 칼리지파크에 있는 컴퓨터, 수학, 자연 과학 대학의 일부인 물리 과학 및 기술 연구소의 석좌교수이다.

노비코프는 수학의 노벨상 격인 필즈상(1970년)뿐 아니라 2005년 대수 위상수학, 미분 위상수학 및 수학 물리학에 대한 공헌으로 울프상(Wolf Prize)을 수상했다. 따라서 필즈상과 울프상을 동시에 수상한 11명의 수학자 중 한 명이다. 2020년에는 러시아 과학아카데미의 로모노소프 금메달을 받았다.

노비코프는 젊어서부터 실력이 드러나 대학졸업 4년후에 젊은 수학자들을 위한 모스크바 수학협회상을 받았다. 1965년에 모스크바주립대학교에서 물리학 및 수학 박사 학위 논문을 발표했고, 1966년에 소련과학아카데미의 회원이 되었다.

노비코프는 기하학적 위상수학에 대한 중요한 연구를 수행했고, 합리적인 Pontryagin 클래스의 위상학적 불변성을 증명하고 Novikov 추측을 제기했다. 이 공로로 1970년에 필즈상을 수상했다. 1971년경부터 그는 세타 함수 이론과 관련된 등분광 흐름 분야에서 연구하기 시작했다. 그리고 그 해부터 소련과학아카데미의 Landau 이론 물리학 연구소에서 근무했다. 1981년에 그는 소련과학아카데미 정회원으로 선출되었고 1982년에 모스크바주립대학의 고등기하학 및 위상학 학과장으로 임명되었다.

69. 피카르(Charles Émile Picard, 1856-1941, 프랑스)

피카르는 프랑스의 수학자다. 1881년부터 파리대학교 교수로 재직하였다. 피카르정리와 피카르군으로 유명하다. 그 외 업적으로 피카르-럽셔츠 이론, 피카르-린델뢰프 정리, 피카르 반복법, 피카르-푹스 방정식 등이 있다

70. 포앙카레(Jules-Henri Poincaré, 1854-1912, 프랑스)

포앙카레는 프랑스 태생의 가장 위대한 과학자 중의 한 명이다. 수학, 수리물리학, 천체 역학 등의 분야에서 중요한 기본원리를 확립한 업적을 남겼다. 한국어로 푸앵카레, 뽀앙까레 등으로 표기하기도 한다.

위상기하학에서 호몰로지 개념을 발견하고, 수학에서 가장 유명한 문제 중의 하나인 포앙카레 추측을 제기한 것으로 특히 유명하다. 삼체문제에 대한 연구로 결정론적 복잡계를 발견하여 현대적인 카오스이론의 기초를 마련하는 등 수많은 영역에서 주요한 기여를 하였다.

71. 폰트리아진(Lev Pontryagin, 1908-1988, 소비에트 연방)

소련의 수학자였다. 폰트리아진의 주요업적은 폰트리아진 쌍대성, 폰트리아진 특성류 등이다.

러시아제국 모스크바에서 공무원의 아들로 태어났으나, 재정 형편 때문에 폰트리아진은 변변치 못한 학교를 다닐 수밖에 없었다. 폰트리아진은 14세 때 가

스레인지 폭발사고로 실명하였다. 어머니가 아들의 교육을 위하여 수학책 및 논문을 읽어주었다. 어머니는 수학을 전혀 몰랐으므로, 기호들을 있는 그대로 읽었다한다.

어머니의 헌신적인 노력으로 폰트리아진은 1925년에 17세의 나이로 모스크바대학교에 입학하였고, 시각장애인임에도 불구하고 수학에 매우 뛰어난 재능을 보여서 대학에서 주목받았다. 폰트리아진은 이미 1927년 19세의 나이부터 중요한 연구 결과를 출판하기 시작하였다.

1935년에는 힐베르트 5번 문제인 아벨군에 대하여 해결하였고, 또한 1940년에는 오늘날 폰트리아진 특성류라고 알려진 특성류를 정의하였다. 1952년부터는 응용수학, 특히 제어이론을 연구발표하였다.

많은 이들은 폰트리아진이 반유대주의자라고 주장하였다.

72. 리치(Gregorio Ricci-Curbastro, 1853-1925, 이탈리아)

리치는 이탈리아 수학자였다. 리치는 텐서 미적분학의 개척자로서 대단히 유명하지만, 아주 많은 분야에서 탁월한 업적을 남겼다. 리치곡률, 리치흐름 모두 그의 업적이다.

리치-쿠르바스트로의 가장 유명한 논문인 〈절대미분법 및 응용〉 은 제자 툴리오 레비치비타와의 공저로 발표되었다. 이 논문에서만 이름을 "리치쿠르바스트로" 대신 "리치"로 적었는데, 이 때문에 리치곡률 텐서와 같은 개념에 "리치"라는 이름이 붙었다.

73. 리만(Bernhard Riemann, 1826-1866, 독일)

리만은 독일의 수학자로 리만기하학의 창시자이다. 가우스의 제자로서 《기하학의 기초에 대해서 On the foundations of geometry》라는 리만 가설을 논했다. 해석학, 미분기하학에 혁신적인 업적을 남겼으며, 리만 기하학은 일반상대성이론의 기술에 사용되고 있다. 그의 이름은 리만 적분, 코시-리만 방정식, 리만 제타 함수, 리만 다양체 등의 수학용어에 남아 있다.

리만은 부끄러움을 잘 타고 어릴 적부터 보기 드문 수학적 재능을 나타냈지만, 대중 앞에서 말하기에는 너무 수줍음을 잘 타는 편이었다 한다. 수학의 황제라고 불리는 가우스는 리만의 박사 학위 논문을 보고, "박사 학위 논문이라고 볼 수가 없는 대논문"이라는 찬사를 쉴 틈 없이 보냈다고 한다. 완벽주의자였던 가우스가 말을 별로 하지 않는 성격이었다는 것을 감안한다면, 리만의 논문이 얼마나 뛰어났는지 짐작할 수 있다.

리만의 수학적 주요업적은 그 외에도 리만가설, 리만 계량, 리만 곡률 텐서, 리만 곡면, 리만 구, 리만 기하학, 리만 다양체, 리만-로흐 정리, 리만-르베그 보조정리, 리만 사상 정리, 리만 재배열 정리, 리만 합 등이다.

74. 사드(Arthur Sard, 1909년-1980년, 미국)

미국의 수학자인 사드는 미분위상수학과 스플라인 보간법으로 유명한 미분기하학을 연구한 대표적 수학자로 대표적 업적은 사드의 정리이다.

하버드대학교에서 학사 석사 박사(1936) 학위를 수여받았고, 지도 교수는 마스턴 모스였다.

사드는 1937년에 개교한 뉴욕시립대학교의 퀸스

칼리지 최초의 교수 가운데 하나가 되었다. 제2차 세계 대전 동안에는 컬럼비아대학교에서 다른 수학자들과 함께 폭격기에 장치된 기관총의 조준에 대하여 연구하였다.

1970년에 뉴욕시립대학교에서 은퇴 후, 5년 동안 캘리포니아대학교 샌디에이고에서 연구원으로 있었다. 1975년에는 스위스 바젤로 이사하여 여러 유럽 대학교에서 강의하였고, 1980년 8월 31일에 바젤에서 사망하였다.

75. 세레(Jean-Pierre Serre, 1926-, 프랑스)

프랑스 수학자로 대수적 토폴로지, 대수기하학 및 대수적 수 이론에 기여했다. 그는 1954년 필즈메달과 2003년 아벨상을 수상했다.

세레는 1951년 소르본(Sorbonne)에서 박사 학위를 받았다. 1956년 콜레 주 드 프랑스에서 교수로 선임됐다. 그의 아내 조지안 세레도 화학 교수였다.

세레는 그의 연구 초기에 Weil 추측을 다루기 위해 더 일반적이고 세련된 코호몰로지이론을 구축할 필요성을 느꼈다. 문제는 유한 필드에 걸친 일관된 층의 코호몰로지가 정수 계수를 갖는 단일 코호로지만큼 토폴로지를 포착할 수 없다는 것이었다. 세레(Serre)의 초기이론 중 1954~55년은 위트(Witt) 벡터 계수를 기반으로 한 이론이었다.

76. 싱어(Isadore Manuel Singer, 1924-, 미국)

싱어는 미국의 수학자다. 마이클 아티야와 같이 아티야-싱어 지표 정리를 증명 하였으며, 이 공로로 아벨상을 아티야와 공동으로 수상하였다. 현재 매사추세츠공과대학교의 수학 교수로 재직중이다.

디트로이트에서 태어나 1944년 미시간대학교에서 학사 학위 후 시카고대학교에서 석사학위(1948)와 박사학위(1950)을 획득하였다. 그 뒤 캘리포니아대학교 로스앤젤레스와 매사추세츠공과대학교에서 교수로 일했다.

77. 스토크스(Sir George Gabriel Stokes, 1819-1903, 영국)

영국의 수학자이자 물리학자이다. 스토크스는 개신교 목사 아버지와 교회장관의 딸인 어머니 사이에서 태어나 그의 양육은 매우 종교적이었다. 어려서부터 수학적 재능을 보였다.

수학에서 유체역학의 나비에-스토크스 방정식을 발견하였고, 스토크스의 정리를 발표하였다. 주요 업적은 스토크스의 정리, 나비에-스토크스 방정식, 스토크스 수, 스토크스 변수, 스로크스 현상 등이다.

1849년부터 케임브리지대학교에서 루커스 수학 석좌 교수직을 맡았으며, 1885년부터 1890년까지 왕립학회 회장을 지냈다.

78. 테이트(John Terrence Tate Jr., 1925-2019, 미국)

존 토렌스 테이트 2세는 대수 정수론, 산술 기하학 및 대수기하학 관련 분야에서 많은 근본적인 공헌으로 유명한 미국 수학자이다. 2010년에는 아벨상을 수상했다.

미니애폴리스에서 태어났고 미네소타대학교의 물리학 교수였던 아버지와 고등학교 영어 교사였던 어머니 아래에서 성장하던 테이트는 하버드대학교 수학과에서 학부과정 마치고 프린스턴대학교 물리학부에 대학원 입학하였으나 나중에 수학부로 옮겨, 1950년 에밀 아르틴의 지도 아래 박사 학위를 받았다.

그 뒤 하버드대학교에서 36년 동안 가르치다가, 1990년에 텍사스대학교 오스틴으로 옮겼고 2009년에 은퇴 후에는 명예교수로 하버드로 돌아왔다. 2019년에 매사추세츠주 케임브리지의 자택에서 94세의 나이로 사망하였다.

테이트는 1956년에 정수론에 대한 탁월한 공헌으로 미국수학회의 콜(Cole)상을 수상했고, 1995년에 그는 미국수학회로부터 평생 공로로 르로이스틸(Leroy P. Steele)상을 받았다. 그는 대수적 정수론의 기본 개념 창안으로 2002/03년에 수학 부문 울프상(Wolf Prize)을 수상했다.

그의 연구성과는 테이트 대수학(Tate algebra), 테이트 추측(Tate conjecture), 테이트 커브(Tate curve), 테이트 모듈(Tate module), 테이트 페어링(Tate pairing), 테이트의 동질성 정리(Tate's isogeny theorem), 호지-테이트 모듈(Hodge-Tate module), 세레-테이트 정리(Serre-Tate theorem) 등에 남아있다.

79. 톰(Rene Thom, 1923-2002, 프랑스)

프랑스의 수학자이다. 보충경계이론을 발견한 공로로 1958년에 필즈상을 수상하였다. 급변 이론(catastrophy theory)이라는 독창적인 방법의 기초를 닦은 수학자로 잘 알려져 있다. 그는 대수적 위상수학과 미분기하학 분야에서 많은 업적을 남겼다. 주요업적으로 급변 이론, 톰 공간, 톰 특성류, 톰 동형 등이 있다.

80. 토드(John(Jack) Todd, 1911-2007, 영국)

토드는 영국과 미국에서 경력을 쌓은 북아일랜드의 수학자였다. 그는 수치해석학의 개척자였다. Todd의 가장 위대한 업적중 하나는 2차대전 종전 후 독일의 오버볼팍(Oberwolfach)수학연구소의 보존에 기여한 공로이다.

1945년에 Todd는 미국으로 이민가서, 1957년부터 캘리포니아주 패서디나(Pasadena)에 소재한 캘리포니아공과대학교(California Institute of Technology)의 교수진에 합류했다. 토드는 칼텍 교수직을 은퇴했지만, 2001년 5월에 그의 90세 생일을 기념한 Caltech 심포지엄이 개최되는 영광을 가졌다. 그는 모두에게 잭 토드라 불렸고, 2007년 패서디나 자택에서 영면했다.

81. 베유(André Abraham Weil, 1906-1998, 프랑스)

프랑스의 수학자로 수론과 대수기하학에서 지대한 공헌을 했다. 니콜라 부르바키의 창립 멤버였으며, 사실상 초기 리더였다. 철학자 시몬 베유의 오빠이다.

주요업적은 베유 추측, 베유 인자, 보렐-베유-보트 정리, 천-베유 이론, 하세-베유 제타 함수 등이다. 베유는 유태계 부모를 두고 파리에서 태어났고, 파리대학에서 박사학위를 받았다.

82. 바이젠보크(Roland Weitzenböck, 1885-1955, 오스트리아)

오스트리아 수학자이다. 바이젠보크는 연결을 도입한 미분기하학을 연구하는 오스트리아 수학자였다. 브라우어(Brouwer)의 도움으로 1923년 암스테르담대학교 수학교수로 임명된후 1945년까지 머물렀다.

1923년에 텐서계산법을 포함한 다양체에 대한 불변량 이론에 대한 현대논문을 발표했고, 그는 또한 비틀림에 대한 논문도 발표했다.

83. 휘트니(Hassler Whitney, 1907-1989, 미국)

미국의 수학자이다. 위상수학에 크게 기여하였다. 특히 주요업적은 대수적 위상수학, 미분위상수학, 특이점 이론, 슈티펠-휘트니 특성류 등이다.
휘트니는 화려한 집안으로 유명했다. 아버지는 뉴욕주 대법원 판사였고, 어머니는 화가이자 정계에 활동하였다. 친할아버지 윌리엄 드와이트 휘트니는 예일대학교에서 산스크리트어 전문 언어학자였고, 부계를 통해 코네티컷 주지사 및 미국 상원의원 로저 셔면 볼드윈의 증손이고, 미국 독립선언서에 서명한 로저 셔먼의 5대손이었으며, 모계를 통해서는 천문학자 사이먼 뉴컴(Simon Newcomb)의 외손자였다.
휘트니는 평생 수학 말고도 음악과 등산을 취미로 삼았다. 바이올린과 비올라에 능숙하였고, 또한 이틀마다 10~20 킬로미터 달리기를 하였다. 또한 스위스의 대부분의 산들을 등반하였다.
1989년 5월 10일 82세의 나이로 스위스 당블랑슈 산(Dents Blanches)을 등반하다 뇌졸중으로 사망하였다. 휘트니의 유골은 그의 유언에 따라 이 산위에 뿌려졌다.

84. 위튼(Edward Witten, 1951-, 미국)

위튼은 미국의 수학자이다. 프린스턴고등연구소 소속으로 이론물리학자이면서 수학적 물리학 교수이다.
위튼의 연구분야는 끈 이론, 양자 중력, 초 대칭 양자 장 이론 및 수학 물리학 분야이다..
위튼의 연구는 물리학 뿐만 아니라 순수수학에도 큰 영향을 미쳤다. 위튼은 아마 1990년 세계수학연맹(International Mathematical Union)으로부터 필즈메달(Fields Medal) 을 수상한 최초의 유일한 물리학자일 것이다. 그가 1981년에 증명한 일반상대성이론에서 긍정적인 에너지이론의 업적을 높이 사고 필즈상을 받았다.

위튼의 주요업적은 M 이론, Seiberg-Witten 이론, Seiberg-Witten 불변량, Wet-Zumino-Witten 모형, Weinberg-Witten 이론, Gromov-Witten 불변량, Hořava-Witten 영역벽, Vafa-Witten 정리, Witten 지수 등이다.

85. 야우(Shing-Tung Yau, 1949-, 중국 태생, 미국 국적)

중국계 미국인인 싱퉁 야우 교수는 야우정리(칼라비 가설)로 유명하며 미분기하학의 대가로 알려져 있다. 1982년 칼라비-야우(Calabi-Yau) 다양체 존재성을 증명해 수학계 노벨상으로 불리는 필즈상을 수상했다. 그 외에도 오즈월드 베블런 기하학상(1986년), 크라포르드상(1994년), 국가 과학 메달(National Medal of Science, 1997년), 울프 수학상(2010년) 등 상을 많이 수상하였다.

야우는 중국 광둥성에서 태어났고, 홍콩에서 홍콩중문대학에 입학하여 1969년 수학으로 학사 학위를 취득하고 수학 박사과정을 미국의 캘리포니아대학교 버클리에서 시작하였다. 천싱선이 야우싱퉁의 박사과정 지도교수였다. 1971년에 박사 학위를 받은 후, 1년을 프린스턴고등연구소에서 연구원으로 보낸 후, 1974년 스탠퍼드대학교의 정교수로 임명되어서 몇 년을 보냈으나, 1979년에 프린스턴고등연구소의 교수로 자리를 옮긴다. 1984년부터 1987년사이에는 캘리포니아대학교 샌디에이고에서 교수로 있다가, 1987년에는 하버드대학교 교수로 옮긴다. 하버드대학교에서 가르치다가 2022년부터 중국 칭화대학교 석좌교수로 재직 중이다.

86. 유카와(Hideki Yukawa, 1907-1981, 일본)

히데끼 유카와는 일본 교토 출신의 이론물리학자로 중간자 이론으로 1949년 일본 최초로 노벨물리학상을 수상하였다.

유카와는 원자핵 내부에 있어서 양성자와 중성자를 서로 강한 상호작용의 매개가 되는 중간자의 존재를 1935년에 이론적으로 예측했다. 1947년에 영국의 물리학자 세실 프랭크 파월이 우주선 중에서 파이 중간자를 발견한 것에 의해 '유카와 이론'이 증명됨으로 공적을 인정받아 1949년에 노벨 물리학상을 수상했다. 노벨 물리학상 수상 이후 반핵 운동이나 평화 운동에 적극적으로 참여하여 러셀-아인슈타인 선언에 막스플랑크와 함께 공동 선언자로 이름을 올렸고 중간자 이론 외에 비국소장이론, 소영역이론 등의 이론을 계속 발표했다.

부친이자 교토제국대학 지질학 교수인 오가와 다쿠지를 따라 인생의 대부분을 교토에서 생활했다. 그러나 노벨상 수상의 대상이 됐던 중간자론을 발표한 것은 유카와가 오사카제국대학에 근무했던 때였다.

중학생 시'절의 유카와는 별로 눈에 띄지 않는 존재였으며 사춘기때는 귀찮은 것들은 모두 '말 안하겠다'라는 한마디로 끝내버리는 등 아버지가 걱정할 정도로 말수가 적은 과묵한 성격이었다. 1929년에 교토제국대학 이학부 물리학과를 졸업했고 1938년 중성자의 존재에 대한 예측과 핵력의 본질에 대한 이론적 연구로 오사카제국대학에서 이학박사 학위를 받았다. 이러한 연구 업적은 훗날 노벨 물리학상을 수상하는 계기가 됐다.

참고문헌(References)

[조1] 조용승, 복소다양체, 교우사, 2021.

[조2] 조용승, 미분다양체, 교우사, 2019.

[조3] 조용승, 대수적위상수학, 경문사, 2014.

[조4] 조용승, 미분위상수학, 경문사, 2013.

[조5] 조용승, 지표이론, 경문사, 2012.

[C1] Cho, Y.S., Mirror symmetry in Calabi-Yau manifolds, Conference of Differential Geometry, 2023.2.3.

[C2] Cho, Y.S., Sheaf Theory, Kyung Moon Pub., 2011.

[C3] Cho, Y.S., Symplectic manifolds, Gromov-Witten invariants on symplectic and almost contact manifolds, in book Manifolds, 2017, InTech Pub.

[C4] Cho, Y.S., Algebraic cycles in product spaces, preprint, 2020.

[C5] Cho, Y.S., Lefschete standard conjecture, preprint, 2019.

[C6] Cho, Y.S., Quantum cohomologies on products of cosymplectic manifolds and circles, Bull. Of Malaysian Math. Soc., 2016.

[C7] Cho, Y.S., Floer type cohomology on cosymplectic manifolds, Inter. J. of Geometric Methods in Modern Physics, vol. 12, no. 7, 1550082, 2015.

[C8] Cho, Y.S., Hurwitz number of triple ramified covers, Jour. of Geometry and Physics, vol. 56, no. 4, 542-555, 2008.

[C9] Cho, Y.S., Seiberg-Witten invariants on non-symplectic 4-manifolds, Osaka Jour. of Math., 169-173, 1997.

[C10] Cho, Y.S., Cyclic group actions on gauge theory, Differ. Geom. and its Applications, 6, 87-99, 1996.

[C11] Cho, Y.S., Finite group actions on the moduli space of self-dual connections I, Transactions, AMS, 323 no. 1, 133-161, 1991.

[C12] Cho, Y.S., Gromov-Witten invariants on the product of almost contact manifolds, Springer, Proceedings in Math. And Statistics, vol. 203, 165-173, 2017.

[C13] Cho, Y.S., Quantum and Floer type cohomologies on cosymplectic manifolds, Proc. of Seventeenth Intl. Workshop on Differ. Geom, 17, 67-79, 2013.

[C14] Cho, Y.S., Quantum type cohomologies on contact manifolds, Inter. Jour. of Geometric Methods in Modern Physics, vol. 10, no. 5, 1350012, May 2013.

[C15] Cho, Y.S., Quantum cohomologies of symplectic products, Inter. Jour. of Geom. Methods in Modern Physics, 1250005, Feb. 2012.

[C16] Cho, Y.S., Hodge Classes in Hodge Manifolds, Advances in Pure Mathematics, 2025, 15(8), 518-528.

[CH1] Cho, Y.S. and S.T. Hong, Singularities and thermodynamics of geodesic surface congruences, In book Aspects of Today's Cosmology, InTech Pub., 347-364, 2011.

[CH2] Cho, Y.S. and S.T. Hong, Dynamics of stringy congruences in the early universe, Physics Review D83, 104040, 2011.

[Arnold] Arnold, V. Mathematical methods of classical mechanics, Springer-Verlag, New York, 1989.

[AB] Atiyah, M. and R. Bott, The moment map and equivariant cohomology, Topology 23, 1-28, 1984.

[BPV] Bath, W. C. Peters, and A. Van de Ven, Compact complex surfaces, Springer-Verlag, 1989.

[BvS] Batyrev, V. and D. Van Straten, Generalized hypergeometric functions and rational curves on Calabi-Yau complete intersections in toric varieties, Comm. Math Phys. 168, 493-533, alg-geom/9307010, 1995.

[C] Calabi, E. On Kähler Manifolds with Vanishing Canonical Class, A symposium in honor of A. Lefschetz, Princeton Math. Series, vol.12, Princeton Univ. Press, 78-89, 1957.

[CdFKM] Candelas, P. X. de la Ossa, A. Font, S Katz and D. Morrison, Mirror symmetry for two parameter models - 1, Nuclear Physics B 416, 481-538, 1994.

[CdGP] Candelas, P. X. de la Ossa, P. Green and L. Parkes, A pair of Calabi-Yau manifolds as an exactly soluble superconformal field theory, Nuclear Physics

B359, 21-74, 1991.

[CHSW] Candelas, Horowitz, Strominger, and Witten, Vaccum configurations for superstings, Nuclear Physics B, 258, 46-74, 1985.

[CK] Cox, D. and S. Kats, Mirror Symmetry and Algebraic Geometry Math. surveys and monographs vol.68, AMs, 1999.

[D] Donaldson, S. For the new revolutionary invariants of four-dimensional manifolds and for the study of the relation between stability in algebraic geometry and in global differential geometry, both for bundles and for Fano varieties, Stony Brook University and Imperial College London, 2015 Breakthrough Prize in Mathematics.

[DVV] Dijkgraaf, R. E. Verlinde, and H. Verlinde, Notes on topological string theory and 2D gravity, in String Theory and Quantum Gravity, Proceed. Of the Trieste Spring School 1990.

[Givental1] Givental, A. Equivariant Gromov-Witten Invariants, Internat. Math. Res. Notices, 613-663, 1996.

[Givental2] Givental, A. The mirror formula for quintic threefolds, math.AG/9807070.

[GP] Greene, B. and M. Plesser, Duality in Calabi-Yau moduli space, Nuclear Physics B338, 15-37, 1990.

[Griffiths] Griffiths, P. On the periods of certain rational integrals I, II, Ann. of Math. 90, 460-495, 498-541, 1969.

[GH] Griffiths, P. and J. Harris, Principles of algebraic geometry, Wiley-Interscience, New York, 1978.

[KT] Klemm, A. and S. Theisen, Considerations of one modulus Calabi-Yau compactifications: Picard-Fuchs equations, Kähler potentials and mirror maps, Nuclear Physics B389, 153-180, 1993.

[Kontsevich] Kontsevich, M. Enumeration of rational curves via torus actions, in the Moduli Space of Curves, Texel Island, 1994.

[KoM] Kontsevich, M. and Yu. Manin, Gromov-Witten classes, quantum cohomology, and enumerative geometry, Comm. Math. Phys. 164, 525-562, 1994.

[LLY] Lian, B. K. Liu and S.T. Yau, Mirror principle I, Asian J. Math. I, 729-763, 1997.

[MSal] McDuff, D. and D. Salamon, J-holomorphic curves and quantum cohomology, University Lecture Series 6, AMS, Providence, RI, 1994.

[MSta] Milnor, J.W. and J.S. Stasheff, Characteristic classes, Princeton Univ. Press, 1974.

[Morrison1] Morrison, D. Mirror symmetry and rational curves on quintic threefolds: A guide for mathematicians, Jour. AMS 6, 223-247, 1993.

[Morrison2] Morrison, D. Compactifications of moduli spaces inspired by mirror symmetry, in Jour. de Geom. Algeb. d'Orsay, Orsay, 1992.

[V] Voisin, C. The Hodge conjecture, open problems in Math. 521-543, Springer, 2017.

[Witten1] Witten, E. Topological sigma models, Comm. Math. Phys. 118, 411-449, 1988.

[Witten2] Witten, E. Phases of N=2 theories in two dimensions, Nuclear Physics B403, 159-222, 1993.

[Y] Yau, S.T. On the ricci curvature of a compact kähler manifold and the complex monge-ampére equation, Comm. on Pure and Applied Math. 31(B), 339-411, 1978.

찾아보기(Index)

국문

ㄱ

ㄴ

ㄷ

영문

A

B

C

D

칼라비-야우다양체와 거울대칭

Calabi-Yau Manifolds and Mirror Symmetry

초판발행 2025년 12월 15일

지은이 조용승
펴낸이 오판근
펴낸곳 (주) 교우
주 소 서울시 동대문구 약령시로 8 교우빌딩 2층 (주)교우
전 화 02-925-2861 / **팩 스** 02-925-2860, **편집부** 02-925-2825
홈페이지&북스토어 www.kyowoo.co.kr / **이메일** kyowoo@kyowoo.co.kr

등 록 1994년 3월 24일 제1994-000013호
ISBN 979-11-251-0475-9 (93410)

Published by Kyowoo Co., Ltd. Printed in Korea

(주) 교우는 보다 혁신적이고 참신한 도서를 다양하게 기획하고 있습니다.
책으로 펴내고자 하는 아이디어나 원고는 메일로 보내주세요.
(주) 교우는 전과정을 책임지고 최선을 다하겠습니다.

값 27,000원

교우미디어는 (주) 교우의 Imprint 사입니다.
수학정원·과학정원은 (주) 교우의 새로운 브랜드명입니다.

잘못된 책은 구입하신 서점에서 교환해 드립니다.